淨蔬禪食

心經食譜

The Heart Sutra
& Vegetable Recipes

六覺的美食革新食譜，讓您食淨心靜體淨65道的純素食譜

洪啟嵩　洪繡鸞

推薦序／淨蔬禪食的「飲食三昧」

◆中國佛教會理事長 釋淨耀

　　大乘佛教最基本的精神就是慈悲，《梵網經》有云：「一切肉不得食，夫食肉者，斷大慈悲佛性種子……」是以中國佛教戒條中，戒殺是一切戒法之首，不忍殺生而倡素食，致使素食文化成為「佛教中國化」的一種特色；在《梵網經菩薩戒》、《入楞伽經》、《央掘魔羅經》、《縛象經》等經典中，皆闡明素食的核心精神為大悲心。綜觀中國佛教史上，大力提倡素食者首推梁武帝，其以帝王之尊倡行戒殺、頒布制斷酒肉，影響漢傳佛教僧尼的飲食習慣，並對中國佛教「護生精神」產生深遠而廣泛的影響。

　　隋唐以後，依《梵網經》受菩薩戒之風氣盛行，更強化素食的重要性。基此，素食逐漸成為漢傳佛教修行與生活的特色與傳統。時至今日隨時代演進，現代人對動物保育、生態環保、健康養生……等意識提升，「素食」不再局限宗教信仰，而是展開一個全新的飲食文化趨勢，依據《美國新聞與世界報導》（U.S.News & World Report）之「最佳飲食」評比，「蔬食」飲食長期名列前茅，又根據「世界素食人口報告」指出，臺灣素食人口已突破 300 萬人，此時此刻，欣見洪啟嵩老師與洪繡巒老師合著的《淨蔬禪食》一書出版，對蔬食和禪食的理論與推廣有重要的衍申，更為迅速成長的蔬食族群帶來廣大福祉。

　　洪啟嵩老師是國際知名禪畫藝術家，其所繪製長 168 公尺、寬 72.5 公尺，面積超過 12000 平方公尺的「世紀大佛」巨畫，獲頒金氏世界紀錄「世界上最大畫作」之認證，使佛教以藝術受到國際高度關注。2018 年世紀大佛於高雄展出時，結合學人所推廣的國際佛誕文化節盛會，亦激盪出精采而亮麗耀眼的成果。洪老師擔任中國佛教會學術委員會主委期間，於 2020 年假中華大學開立覺性教育碩士在職專班，使佛陀的覺性教育突破宗教的框架，首次進入主流教育體系，造福青年學子。2021 年學人與洪老師在覺性時代講座對談之「漢傳佛教與人類未來」一書亦結集出版，成為漢傳佛教中興白皮書。

　　洪啟嵩老師與洪繡巒老師合著本書，無論是從養生抑或修行觀點，都將帶給讀者深入的啟發。佛法「食」的定義多達九種，從滋養吾人身心的四種「世間食」，到長養聖者慧命的「出世間食」，都是「食」的一種。佛門中常見的「禪悅為食」，就是修行者以禪悅長養身心的修行之食。此外，文中也提出佛陀前瞻

性之預防醫學觀點，即從戒律中觀見佛陀前瞻的衛生觀，節量食的養生觀，及修行者的食存五觀，將人們每日三餐飲食，從保健、養生，漸次昇華為飲食的修鍊，使讀者透過本書圓滿「飲食三昧」。同時，旅遊美食家洪繡巒老師更精心調配 65 道精采蔬食，將旅遊世界各國的飲食特色融入其中，為傳統蔬食注入豐富的元素。此外，洪繡巒老師更運用現代科技食材，如：中華大學所培育並榮獲日內瓦發明獎三金的黃金蟲草，及冷萃法所製成的藥師佛種子字茶膏……等，為蔬食者的飲食傾注更多的能量。

　　近幾年來隨著健康及環保意識的抬頭，素食主義已逐漸轉變為新的蔬食文化，儼然成為一股新的時尚和潮流，尤其後疫情時代，蔬食抗暖化的全球環保浪潮聲中，《淨蔬禪食》的出版，將佛教飲食觀作了完整而深入探討，實具珍藏與參考價值，更值得肯定與喝采，讚嘆之餘學人樂於提筆為之序，祝福此書圓滿發行，更冀盼讀者於淨蔬禪食中細品甘露妙味，復於禪心清淨中妙增福慧！

中國佛教會理事長 釋淨耀
2023 年暮春立夏

推薦序／心靈與美學、美食的橋梁

◆奧地利駐臺代表 Roland Rudorfer 處長

　　外交官的工作與任務，不只是建立各種橋梁，還兼具藝術與文化的交流重責。

　　建立了解彼此文化的橋梁，瞭解彼此心理、人與人之間、社會與社會之間的橋梁，以縮小差距，為大家創造更好的生活與未來。

　　言及此，我非常熱誠，全心引薦這本迷人的著作《淨蔬禪食：心經食譜》。

　　洪啟嵩禪師及洪繡鑾老師是我們情同兄弟姊妹的臺灣好友，除了書寫超過 300 部書之外，洪禪師也是國際知名的「金氏世界記錄」保持者。他創作了世界最大的畫作（168 公尺 ×72.5 公尺）。

　　洪繡鑾老師是出版 61 本書的知名作家、國際旅行家及美食家。他們姊弟與奧地利有很深的淵源，曾於 2019 年 10 月，率領「奧地利 15 天禪修團」赴奧禪修，將洪禪師禪學及打坐法宣揚，促進更深刻精進的生活型態。藉由洪禪師《心經》詮釋的原則，映照洪老師創作的各式蔬食料理，導引出一個永續發展、健康、精神啟發的生活模式。

　　洪繡鑾老師早年活躍於外交界，與多位部長、外交官建立深厚的友誼，並曾應邀於「外交部外交及國際事務學院」擔任講座，作育外交人員。她為人熱情好客，在烹飪藝術展現非常的才華。我與內人多次應邀成為她家的座上賓，深感榮幸。

　　我深信，此書之經典藝術性，必如以往，持續展現非凡之成功。

Building bridges is not only a diplomat's job and task but also one for the arts and culture. The bridge to understand each other's culture, the bridge to understand each other's mentality, the bridge from person to person, from society to society contributing to a better life, help closing gaps and create a better future for all. Stating this I would like to enthusiastically endorse this fascinating book "Pure Vegetable Zen Food - Heart Sutra Recipe" with all my heart. Zen Master Hong Chie Song and Hong Hsiu Luan (Salina Hong) are siblings and our good friends in Taiwan. In addition to being the author of more than 300 books, Zen Master Hung is also an internationally renowned "Guinness World Record"-holder. He is the creator of "The World's Largest Buddha-

Painting (168 meters x 72.5 meters)", teacher Hong Hsiu Luan (Salina Hong) is a famous author of 61 books, a traveler and gourmet. They have a deep relationship with Austria, and in October 2019, they led the "Austrian Zen Tour for 15 days" to showcase their famous Zen meditation techniques for a better and more profound life style. The principles of Master Hong's "Heart Sutra" and its meanings are reflected in the various vegetarian dishes created by Ms. Hong and help to lead a more sustainable, healthy and Spirituality-inspired way of life. Teacher Hong Hsiu Luan (Salina Hong) has been active in the expat circle since her early years, has a deep friendship with many ministers and diplomats and has served as a teacher at the "Institute of Diplomacy and International Affairs-Ministry of Foreign Affairs ". She is hospitable and amazing in the art of cooking and culinary creations. My wife and I have been honored to be her guests many times. I am convinced that this book, being itself a work of art, will continue to be as successful as the ones before.

奧地利駐臺代表 Roland Rudorfer 處長

推薦序／松露炒飯，堪稱一絕

◆中華大學校長 劉維琪

　　洪繡巒老師是一位旅遊美食家，不但出版了超過六十本著作，並曾經遊歷過九十個國家。她曾送給我二本著述：《驚豔奧地利》及《邂逅希臘·愛情海》，書中提供了獨特的旅遊觀點，讓我受益匪淺。

　　本書出版前不久，我受邀參加了她舉辦一場別出心裁的蔬食家宴，與會嘉賓中有五星級飯店的負責人、傑出的企業家、藝文界人士以及本書的總編。洪繡巒老師親自下廚，每一道菜 ※ 皆是素食且不含葷料、奶或蛋，其中的「松露炒飯」尤其引人注目，因為它是全素食的，但味道卻十分獨特，讓我印象深刻。她說許多朋友都對這道料理讚不絕口。

　　洪繡巒老師從早年的亞洲包裝皇后、企業管理顧問，到現在的旅遊美食家，此種跨領域成就令我非常佩服。因此，當她邀請我為本書作序時，我欣然同意。

　　本書的共同作者洪啟嵩教授講座教授，他與中華大學有極深的緣分。洪教授曾於本校指導「南玥覺性教育碩士專班」，將禪法應用於多領域的研究。有管理學院和建築學院的研究生參與，其中 15 位並在 2022 年取得了碩士學位。當時我也參加了南玥班的論文發表會，發現覺性思想融入各個領域的研究，確實讓許多專業變得更加卓越，產生更大的效益。此外，洪教授多次於中華大學舉辦活動，並以其深厚的底蘊與獨到的創意啟發了全校師生。志聖工業贈送本校圖書館洪啟嵩教授著作全套著述逾三百部，館方也特地設置洪教授覺性教育著述專區，嘉惠全校師生。

　　本書，由洪繡巒老師與洪啟嵩教授姊弟二人首次攜手合著。本書乍看之下令人訝於其豐富的跨領域結合，而經深入研讀後發現，更能發掘其中蘊藏深刻的意涵。一道菜是否好吃，通常被認為取決於廚師的手藝及食材，然而本書中的「飲食三昧」卻告訴我們，除了外在的條件之外，飲食者自身的放鬆無執、專注品嘗也是至關重要的，並非僅僅是舌根的味覺，而是涵蓋眼、耳、鼻、舌、身、意的六覺，更能品嘗出食物的美味。這不但是一個全新的飲食觀點，也指引著我們改變飲食習慣——從放鬆專注、細嚼慢嚥、仔細品嘗開始。

　　我曾經在網路上看過一則故事：深圳一家民間企業素食連鎖，前身原是頗富盛名的海鮮餐廳，最後卻轉型為大型素食餐廳。之後，老闆對員工的態度變和善

了，連帶著也影響了員工對客人的態度，服務也變得更親切了，使得這家素食連鎖聲名遠播。這是廚師及餐飲業人員的身心狀態影響企業發展的實例。本書對專業廚師等從事餐飲業的人士，也提供了深入的啟發。

洪啟嵩教授在書中提到他的學生龔詠涵老師，透過洪教授所創發的「放鬆禪法」指導臺鐵廚師製作便當的經驗，讓廚師們在身心放鬆的狀態下料理便當，使銷售量突破千萬。這帶給我們一個啟示：如果廚師受過禪定的訓練，他們的料理手藝將會大不相同。因此，我們可以推知，不同領域的人們，如果學習放鬆禪法及禪法培訓，必定能夠把自己的工作做得更好，創造更大的成果。

本書中洪繡巒老師寫下了 65 道蔬食食譜，其中最令我印象深刻的是松露炒飯。書中將此道料理命名為「目木心思」，並配以心經之「無受、想、行、識」。她詮釋道：「想」乃是由「目、木、心」三者組合而成，尤其在《心經》中，更具深意。由目所見之木為「林」，代表著宇宙萬物，回歸本心細細思考品味，故由「想」引申理之名「目木心思」。黑松露是菇蕈類之極品，香味獨特濃郁，但有人極度喜歡，有人極度不喜歡，各憑本心。松露是木之產物，這道黑松露炒飯融合各種食材，成就非凡的品味。

十八世紀末國詩人威廉・布萊克（William Blake）曾寫下：「從一粒沙看世界，從一朵花看天堂。」而本篇序文以松露炒飯為緣起，祝福讀者從一粒米中，窺見飲食的大千世界。

中華大學校長 劉維琪

推薦序／充滿文學與靈性的美食藝術

◆上順旅行社董事長 李南山

當年我擔任國際順風社「SKAL INTERNATIONAL」社長時，邀請洪繡巒老師蒞社演講，她精闢生動的演講，讓我們非要請她入社不可，於是，她成為國際順風社的一員，我也得到一位非常緊密的好朋友，她歷年的新書發表會，我永遠是第一個支持的。

我稱洪老師為「大才女」，這個稱號真是實至名歸，很少有人跨界諸多領域且個個精采的，她集國際管理、演講、生活美學、國際旅行、美食、作家、包裝藝術、畫家於一身，似乎悠遊自在，游刃有餘。

此書之發想時，我有幸應邀至洪老師午宴，親自見證其緣起，並於出書前，再度至洪府享用書中經典美食，感到無比榮幸。

研讀此書，為前言及兩位作家之精練文稿所感，洪禪師不但將佛陀養生飲食觀詳述，並從「藥石」到「懷石」，將懷石料理之緣起與演進，詳加剖析，灌頂之言，令人肅然起敬。此外，五味六覺之體悟與學習，對於現代人「靜心品味」之培育，有著提昇醒覺之作用。

我對於洪繡巒老師，將每句心經對應一道創作的蔬食料理折服得五體投地，它不只是創意與美食知識，更是文學與靈性之極致。

例如：「度一切苦厄」對應〈渡船〉，以吐司麵包桿成船型為底。

「舍利子」對應〈白玉寶塔〉，以白玉豆干層疊成塔。

「行」對應〈始於足下〉，以各種根莖植物帶出地氣。

最重要的，除了美學、文學、靈氣、創意，還非常美味獨特。

此書另一最大特色是，洪啟嵩禪師的牡丹畫作置入書中，首發收藏版並有禪師親手刻的祈福種子字及簽名章蓋印，以及洪繡巒老師簽名。收藏此書集藝術、美食、品味於一爐，真是令人欣喜。

我有幸為之作序，心中充滿感動，期待大家一起同享此藝術美學之經典。

李南山
上順旅行社董事長

推薦序／一種喜悅交流、生活化的體驗身心靈平和的美感與美味

◆福華大飯店董事長 廖國宏

洪繡巒的天賦不斷讓人驚豔！多年前初次見面我認識洪老師的印象是一位國際禮儀宣傳者，算是在國際旅遊產業是一位不可欠缺的卓越輔導性夥伴。多年的友誼互動，我發覺她是一位多才多藝願意嘗試不同領域的探險者。

幾年前有榮幸受邀到她住宅參加私人宴會，我發現她的手藝及美食烹調的廚藝；精通多國料理混搭及菜單完美布局，整體企畫及落實的作品與盈利餐廳的水平相當。她的熱忱及技能讓人十分敬佩。

在新冠疫情的衝擊下，加上二十一世紀的趨勢脈絡，教人不禁省思如何邁向天地合一。和平的定義，是從自己開始，從身心靈邁向一個平衡，也一樣跟地球大地母有一個更永續校準的行為，這也是洪老師向來推廣與支持的——和平地球，更是現在極重要的時代趨勢。

我想這是洪老師出版這本書的立意，以平易近人的方式，鼓勵讀者及一般大眾一起跟上這個時尚美食，達身心靈的平和，並藉由閱讀與美食體驗，透過喜悅交流、生活化的體驗，身體力行的實踐如此理念。

這次也很開心體驗到作者親自下廚的時尚環保的美食，同時親眼觀察到前置作業也可以在任何家裡的廚房可以一樣複製出來。

恭喜老師及特別感謝有這一本書的誕生，顯化延續推廣和平地球的宣言，也祝讀者們可以給自己機會，嘗試複製這些健康共好的美食及美學作品。

廖國宏
福華大飯店董事長

自序／美食，最有人情味的國民外交　　洪繡巒

　　早年餐廳沒有像現在這樣蓬勃，所以廚房，灶腳（臺語的煮飯土造爐稱為灶，灶腳即為廚房）天天都是熱的，家庭主婦總是千方百計習得一身烹調功夫，抓住丈夫、孩子全家人的胃。

　　外婆餵養我到高中畢業，母親輔佐父親的工廠，算是職業女性，然重視美食及擺盤藝術手藝非凡，因為父親愛品美食，更愛購買各類珍貴的食材。好客的父親，喜愛在家宴請親友，分享美食，或許是自幼薰陶，我也很喜歡在家款待家人親友。即使出國，除了到外國友人家裡作客，一有機會，總會在友人的別墅，或民宿中，舉辦「臺灣晚宴」，邀請外國好友團聚，我的菜式以臺灣菜為主，地中海菜為輔。

　　美食真是很好的國民外交，第一次發揮魅力是在 29 歲時，在祕魯（Peru）首都利馬（Lima），為當時駐外王大使官邸歡迎新總統上任的晚宴，我做了 12 道菜，賓主盡歡，當時「藝不高卻膽大包天」，只因王大使一句話：「聽說你很會做菜！」

　　近年遊走歐洲，為了答謝朋友的盛情，在土耳其伊斯坦堡友人阿里的家中，舉辦「臺灣之夜」，好友鄰居都來吃我的菜，真是皆大歡喜。

　　我在奧地利有好多像親人的好友，在阿特湖畔的民宿，在 Kiendler 家族的別墅都舉辦過晚宴，尤其 Kiendler 家族事業龐大，除了南瓜籽油，還有麵粉廠，私電公司及電器家電連鎖店，當日親友慕名而來，齊聚一堂，給足了面子。

　　最有意義的是 2019 年 10 月，我們與洪啟嵩禪師及眾學，在上奧地利旅遊局的支持下，第一次舉辦「奧地利禪旅 15 天」，為慶祝十月十日國慶，應邀在上奧地利首府林茨 Linz 的 Ars Electronica Center 藝術電子中心博物館，舉辦「當莫札特遇到大佛──洪啟嵩之世紀大佛數位影像展」；隔日，在 Grossraming，米其林大廚 Klemens Schraml 的餐廳「Rau」，我們合作舉辦了「臺灣‧奧地利和平之夜」晚宴，宣揚洪禪師的「和平地球」（Peace Earth）理念，並祝賀世紀大佛數位影像展成功。

　　這個晚宴意義重大，除了是地方上第一次，臺灣與奧地利合辦的盛事之外，也是 Klemens 大廚的首度國際合作，融合東西美食，晚宴之席

位除了我們 15 位團員之外，早就預售一空，當夜仕紳淑女雲集，市長及地方首長全數出席，多位曾經來訪臺灣的朋友也趕來看我，興奮異常。

在此之前，Klemens 並沒有接觸或學習過中國料理，他尊我為他的中國菜啟蒙老師及他的 Kitchen Queen，我們在設計菜單的過程，他完全尊重我的創意，仔細聆聽我的解說，他是很年輕的大廚，非常睿智又謙恭有禮，樂於學習，我帶去的中藥食材及茶葉，他都覺得好新鮮有趣，尤其他很愛吃「話梅」！他自己有農場供應有機蔬果，釀醋、醃漬食品都自己來，尤其喜歡嘗試新食材，已經將烏龍茶做成瓶裝發酵茶將以自有品牌上市。

在製作晚宴料理時有一段有趣的插曲，Klemens 很喜歡我創作的「龍紋蛋」（Dragon Ink Egg），但他很謹慎的與我商量，「這是前菜，若用雞蛋太大，一吃就飽了，我們可否改為精巧的鵪鶉蛋？」於是，我們做了「鵪鶉龍紋蛋」，在擺盤時，我將它放在一個個造型鳥巢上，每個人都驚呼：「好美！好美啊！」

上菜後，我出去巡視，我們一位團員悄悄說：「老師！那個蛋太小了，吃不過癮啦！還有沒有？」我折回廚房，把剩下的六個蛋全部裝盤，送到他們面前：「好啦！趕快吃，別讓外國人看到，回去臺灣我做大的龍紋蛋給你們吃啦！」

那個晚宴博得無上喝采，奧地利及臺灣媒體，皆立即深入報導，晚宴中，奧地利朋友們問道：「Salina（我的英文名）！我們何時才能再喝到你這麼美味的湯！你要留下來嗎？」我跟 Klemens 說：「我好像在奧地利找到工作了。」

人生真是奇妙，因緣的聚合，讓 Klemens 首度應臺中福華大飯店（Howard Plaza Taichung）廖董事長國宏的邀請，於 2021 年四月到臺灣臺中，擔任一個月的客席主廚，Klemens 除了展現他米其林大廚的精藝之外，中國菜的根底也更雄厚了。

由於三年 COVID-19 的疫情，讓原本規畫與 Klemens 合著的書延後了，然而，只要有心，緣起終將圓滿。

緣起／六覺美食的因緣   洪繡巒

　　現代餐廳林立，為求便捷，很多人家裡不開伙，甚至過年除夕之夜的年夜飯都安排到餐廳，更遑論在家中宴請親朋好友了。我喜歡好友親人在家中齊聚的氛圍，友人們也很開心那種溫馨與自在。我家的餐宴沒有官式宴請的拘瑾，但餐具、擺飾、菜式都有一定的規格，絕不馬虎，我總是把最好的餐具上菜，最符合主題的佳肴分享，然而，賓客們卻是輕鬆自在的；我曾在海內外教授國際禮儀，對於賓客的照顧，餐桌餐具的配置自有講究，然而，國際禮儀的最高境界，即是讓受邀貴賓自在舒心，享受美食也沐浴溫馨。

　　2022 年 2 月 19 日元宵節過後，趁疫情稍緩之際，趕快邀請好久沒聚會，多位嚮往我家「夢幻廚房」的好友們，包括外國駐臺外交官及夫人，前內政部長及觀光局長，我的才女好友夫妻，及順風社前社長旅遊前輩、洪啟嵩禪師等，到家裡午宴，這批賓客配置，可謂完美，我精心設計的八道全餐，博得滿堂彩，酒酣耳熱，暢談甚歡；因為餐點可口，擺飾極美，我弟弟洪禪師在看到花春卷時，讚嘆不已，跟身旁的周局長說：「簡直是藝術品！」然後轉頭跟我提出：「我們來合寫一本美食的書吧！」

　　這是他第一次跟我提議合著，我雖然出版了 60 本書，但是與他的三百多部著作簡直小巫見大巫，然姊弟有緣合作，實乃美事一樁，我欣然答應，定調為「禪心」、「蔬食」。想不到一場家宴，竟然激盪出如此因緣，在場貴賓無不額首稱慶，欣喜不已。

　　此書中的〈導論─由味覺革命到六覺革命〉，由食的文化軌跡，食器演化，到味覺之幻象，佛陀的飲食觀，談到「入世間」及「出世間」食，禪定與飲食之關係，佛陀前瞻的飲食養生觀等等，顯示洪禪師對飲食的深入映照，而從「藥石」到「懷石」，點出「懷石」料理的源起，回歸禪心才能品嘗至真美味；從味覺到六覺革命，期待「幸福」的味覺旅程由心體現。

　　在人生的旅途中，很幸運的，在 29 歲即能以美食作為國民外交的橋梁，隨後所有與國外建立的國民外交，皆以此為本，感謝外婆從我初中到高中六年，從不間斷親自做菜色豐富、日日變化的便當，以白色便當布包裹，由外公趕在中午送到學校，便當菜的多元變化，真是教人折服，那份溫暖讓我得到無窮的力量。從母親乾淨簡潔的整齊擺盤，畫龍點睛的盤飾花草，效率十足的功夫及出菜順序，讓我學到──出廳堂、下廚房兼具的女性典範，母親的聰慧能幹一直令我望塵莫及的。

父親是我吃西餐的啟蒙老師，早年父親出差日本，即採購全套西餐具回家，我在 5 ～ 6 歲就常常把玩西餐具了；父親是化學專才，也是採購達人，他買東西都是尺寸、顏色全套買，我在父親身上學到了大器及色彩搭配，當然，有遠見的父親總是教我不能只有眼前，要高、廣、遠、深，同時，父親的善心、慈悲、慷慨，為善不欲人知，捐款只用「無名氏」也是影響深遠的。在美食方面，幸運的是，父親喜歡採買食材，家中總有整桿吊著的烏魚子，隨手可取的鮑魚罐頭、干貝，所以從小認識食材不少，應歸功於父親的指點、母親的廚藝；如今，我能斜槓，寫美食、拍影片、演講飲食趨勢，甚至當美食顧問，父母的教養，深具影響。

品‧味是需要用心培養的，在基本的「五味」及舌頭的味覺分布區，是您將開始進入探索的祕徑；在味覺如何巧妙運作中，您會學到實例的感受，並以管理學上的五個問題—什麼（What）、如何（How）、多少（ How much）、位置（Where）、何時（When）來啟發味覺的奧妙！

在「六覺」——味覺、嗅覺、視覺、聽覺、觸覺、意覺等相關性的探討中，針對與食物相關聯性最直接快速的嗅覺先行，主要是嗅覺影響品味甚鉅，根據研究得出的「鼻前嗅覺」與「鼻後嗅覺」的分析，會讓你耳目一新；而其他知覺又是如何影響您的判斷，更是有趣的知識旅程，這本書除了美食的學習，最寶貴的導論及「品‧味」，與如何提昇品‧味的十個法門，或許是您另一項寶貴的收穫。

我從洪啟嵩禪師的心經與藝術創作《送你一首渡河的歌》得到啟發，將每首作品與一句心經結合，在細品心經的同時，六十五道美食的禪意，則能滌塵化淨，心身幸福。

在食材方面，為了讓出家師父及一般大眾皆能享用，我的食譜採「全素」，不含五辛及蛋、奶等。若一般讀者有食五辛及蛋奶者，請酌情自我彈性調配，一樣會非常美味。

我在寫食譜，美食教學的原則是——簡單、好用、零失敗，美味。這本心經的食譜也是如此，您一定要試做。

感恩淨耀大法師、奧地利駐臺代表 Roland Rudorfer 處長、中華大學劉校長維琪、福華大飯店廖董事長國宏、上順旅行社李董事長南山等，在百忙中撥冗作序推薦，讓本書榮耀加持，愈發光采，在此鞠躬致謝。

目錄

PART 2 心經食譜

「本書食材」單位說明：

- 1 公斤 (1kg) = 1000 公克 (1000g)
- 1 臺斤 = 16 兩 = 600g
- 1 兩 = 37.5g
- 1 公升 = 1000cc
- 1 杯 = 240ml = 16 大匙
- 1 茶匙 (1 teaspoon) = 5ml
- 1 大匙 (1 table spoon) = 15ml

洪啟嵩老師畫作

導論

從味覺革命到六覺革命

洪啟嵩

「食」的文化軌跡

當人類從漁獵時代、遊牧時代,到農業時代食物的相續演繹,使味覺產生了革命性的變化,並可以從「食」文字的演變中,看出其中的變化。

「食」的本義是「食物」,甲骨文的字形看起像一個盛食物的器皿,有朝下的「口」,加上有腳的盛器而組成,中間一橫表示裝在盛器裡可以吃的東西,兩點表示唾星,造字的本義為:津津有味的進食。金文的「食」承續了甲骨文字形,篆文則將盛器的腳部寫成「匕」,表示持「匙」進食。

食當名詞時,指可吃的東西,如:粗食、美食、麵食,豐衣足食。《道德經》:「甘其食,美其服。」《論語‧衛靈公》:「君子謀道而不謀食。」而食(音:飼)的動詞則是「把食物給人吃」的意思。如《詩經‧小雅》:「飲之食之,教之誨之。」唐‧韓愈《雜記》:「食馬者不知其能千里而食也。」

食

「食」的本義是「食物」,甲骨文的字形看起像一個盛食物的器皿,有朝下的「口」,加上有腳的盛器而組成。中間一橫表示裝在盛器裡可以吃的東西,兩點表示唾星,造字的本義為:津津有味的進食。

食的字形演化如下:

甲骨文　簡帛　小篆　金文　隸書(西漢)　隸書(東漢)　楷書(顏真卿)　行書(蘇軾)　草書(王羲之)

人類飲食習慣演化的過程，在中國文化炊具的發展過程中可看出脈絡。在《禮含文嘉》中描述從生食到熟食的分野：「燧人始鑽木取火。炮生為熟，令人無腹疾，有異於禽獸。」而從「炮生為熟」又發展到有炊具，在大約距今一萬年的新石器時代，就已出現了陶器，並用陶器製成炊具，從此「火食之道始備」。

　　而在《古史考》中說：「黃帝如造釜甑。」黃帝時代開始出現了近似鍋子的炊具。隨著烹飪技術的發展，又出現了多種用途的陶器鍋子，其中主要有：「鼎」，用於煮肉、烹製菜肴的鍋；「鬲甗」，用來煮糧食的飯鍋。後來青銅器的鍋，又有了鍪，用它煮飯，又叫「銅鍪」；「鍑」，一種大口鍋，《方言》第五：「釜，自關而西謂之釜，或謂之鍑。」；「錯」，一種平底有環的小鍋。

　　鍑、錯都已開始用鐵製造。鼎，是青銅器中最大的鍋子，東漢許慎在《說文解字》中說：「和五味之寶器也。」《易經》注釋：「烹飪之用。」青銅鼎鍑一般都較大，《錄異傳》云：「周時尹氏，貴盛，五世不別，會食者數千人，遭飢荒，羅鼎作糜，啜之聲聞數十里。三人入鑊取焦糜，深，故不見也。」由此可見當時大鼎規模之巨。

　　中國的鐵鍋自從誕生之後，它的造型式樣一直在不斷變化著。如在秦漢時，下面三足的炒菜鍋叫「錯」；形狀似鼎，下面無足的叫「鑊」；邊淺底平的叫「鍪」；平底有環的叫「錯」。一直到了隋唐，鐵鍋的式樣才基本定型：圓口、淺腹、薄壁、球面、有耳，此後一千多年，鐵鍋一直保持這種造型模樣。人們從長期的使用中認識到：球面，受熱均勻，既充分利用火力，又便於翻炒；口大，則便於投料、起鍋；圓邊，擱放平穩；壁薄，傳熱迅速；淺腹，便利觀察；有耳，容易把握。

　　這種炊具的發展，也使得食物在烹調技術上變化萬千，豐富多元的飲食文化成為中華文化重要的內涵之一，由此亦可尋得蛛絲馬跡。

味覺的迷離幻境

　　每個民族喜愛食物的感覺，口味不同，而發展出各種類型的飲食、味覺習慣。義大利人喜愛 pizza（披薩）、spaghetti（義大利麵），印度人使用幾百種的咖哩香料，日本人喜食生魚片、壽司。

　　美國著名的影集《星艦迷航記》（Star Trek）中的主要場景——企業號太空船，為了讓船上來自各星球的人員都能消解鄉愁，船上有一種設備，稱作「生物甲板」，在甲板上，它會體貼的投射出每個生物心中所想念的情境，而歡喜生活。現代許多大城市中，各國風味的餐廳林立，中國餐廳、日本料理、法國美食、越南菜、泰國菜、雲南菜，和麥當勞、肯德基並行不悖，我們從充滿鄉村風味的美國的星期五餐廳走出來，再進入洋溢著印度咖哩香味，加上印度特有的音樂，就像在生物甲板的場景中迅速轉變。

　　甚至，在最偏遠的亞馬遜熱帶雨林裡，部落民族喝著可口可樂；在紐約市，一對夫婦到日本料理店吃頓生魚片；在莫斯科，一家大小去吃義大利披薩；在墨西哥，去麥當勞吃玉米薄餅……，這種種變化，迅速移換的場景，讓味覺與生活的連結，與傳統大不相同。

　　現在我們可以在同一個地方嘗到不同城鎮、地方與不同國家的食物，產生世界性的新融合，而在現代社會中發展出的速食文化，乃至於未來的太空食品、基因食品、營養素合成的食品，味覺正不斷驚奇演化。

　　食物、味覺的因緣性和文化性是很強的。例如：四川人喜歡吃辣，印度的咖哩世界馳名，這種特別的食物在特定的地方成長都有其因緣性，如四川盆地濕熱的氣候，人們若不吃辣來流汗，熱氣悶在體內，對健康有不良的影響。因此，居住在此地的人們，食用當地生產的自然食品，對是有其特殊因緣性的，也是比較合乎健康的，對味覺也是比較健康的。

　　但是現代再製食品充斥了人工添加劑，種植方式改變，強勢文化的進駐，使我們的味覺混雜了，麥當勞就是一個例子。當初麥當勞在美國

如雨後春筍般出現，不但取代了當地的餐廳，也使街角的小店無法競爭。這種以單一制式的食物，取代各地富含地方特色、多元化的料理，使我們的口味變得單一化，讓人們的飲食習慣產生了極大的變化。是否也會讓我們的味覺，演變得無法去體驗傳統食物的豐富性呢？

　　生活在瞬變便捷的時代，網購、點餐，速食文化大量進入我們的飲食生活。現代人的飲食內容、方式、場所，以及所購買、料理和飲食、消費的方式和昔日真是不可同日而語。但如此的驚異旅程，對於我們人類的身心會有何影響？身為現代的人類，在飲食內容快速變遷的大海中，如何自覺而安定，使我們的身心不會受到負面影響，而能具足幸福與健康？是現代人飲食的重要思惟。

味覺的幻象

　　什麼是真味？什麼是食物的原味？在現代人工添加物如此普遍的情況下，是很難分辨出來了。味覺本來就是生命發展出來的「特異功能」，但現在卻愈來愈虛妄了。以素食為例，現代素食做得愈來愈精緻了，模仿葷食幾乎維妙維肖，我曾在南京一家著名的素食館，品嘗過一道素菜，讓人印象極為深刻。那道菜是素食的燒肉，當侍者一端出來時，在座的人無不發出驚歎聲，那種香味、色澤，甚至肥肉和瘦肉連結的紋路，都和真的豬肉一樣，讓人食指大動。再嘗嘗它的味道，竟然也像極了豬肉的彈性和口感。而這塊幾可亂真的素燒肉，的的確確是廚師以各種素食材料創造出來的。

　　現在許多人強調烹調食物不加味精的健康概念，但是回想味精剛出現在市面時風靡的情形，甚至有一位近代的佛教大師還讚歎生產味精，讓人喜於食物，是菩薩的行為。曾幾何時，現代人的健康概念又不同了，在健康因素中，味精已漸次邊緣化了。可見健康的味覺的概念也是不斷的依因緣而演化著。就像洗衣粉剛出現的時候，許多人對這種便利又清潔的用品讚賞不已，現在卻發現有殘留物、螢光劑等問題，而在配方上

需要不斷的精進改變。這也表示我們沒有足夠的知識與智慧，在每一個新的因緣演變時就發現其中的問題。所以，我們應該以更謙虛、開放的心來面對味覺的發展。

佛陀的飲食觀

佛法以六根、六塵、六識等「十八界」，來建構人類身心的運作系統。六根是指眼根、耳根、鼻根、舌根、身根、意根，六塵是指六根所觸的外境，分別是色、聲、香、味、觸、法六塵。眼根見色塵，出生眼識；耳根聞聲塵，出生耳識；鼻根嗅香塵，出生鼻識；舌根嘗味塵，出生舌識；身根遇觸塵，出生身識；意根觸法塵，出生意識。

從眼睛看到美食，鼻子聞到香味，引發心理的愉悅，口中嘗到滋味，滿足不可言喻。據說日本人吃拉麵時，用「吸」的將麵吃進嘴裡，同時品嘗到麵和湯汁，而斯斯作響之聲也讓人感到拉麵更加美味。在飲食的過程中，我們可以鮮明的看見六根交互作用的影響。

佛法的「食」的解釋，有著豐富深入的意涵。「食」梵文為Āhāra，原義有：牽引、長養、任持等含意，意即能延長、培育、維持生命。《大毗婆沙論》（注1）中亦說：「牽有義是食義，續有義、持有義、生有義、養有義、增有義，是食義。」可見佛法中對「食」的定義，已經不僅是一般所指涉的飲食而已。佛法將食物分為九種，其中四種屬於一般的食物（世間食），可以滋養人的身心，又稱為「四食」。另外五種屬於超越世間的食物（出世間食），是能長養保持聖者的慧命的食物。

「食」的悉曇梵文

一般世間的食物：「四食」

在《增壹阿含經》卷第二十一（注2）中：

聞如是，一時，佛在舍衛國祇樹給孤獨園。爾時，世尊告比丘：眾生之有四種食，長養眾生。何等為四？所謂摶食或大、或小，更樂食、念食、識食，是謂四食。

彼云何名為摶食？彼摶食者，如今人中所食，入口之物可食噉者，是謂名為摶食。

云何名更樂食？所謂更樂者。衣裳、繢蓋、雜香華、熏火及香油，與婦人集聚，餘身體所更樂者，是謂名為更樂之食。

彼云何名為念食？諸意中所念想、所思惟者、或以口、或以體觸、及諸所持之法，是謂名為念食。

彼云何為識食？所識者，意之所知，梵天為首，乃至有想、無想天，以識為食。是謂名為識食。

是謂：比丘，有此四食，眾生之以此四食，轉生死，從今世至後世。是故，比丘！當共捨此四食。如是，比丘！當作是學。爾時，比丘聞佛所，歡喜奉行。

經典中將一般世間的食物分為如下四類，稱為「四食」：

①段食：又稱作「揣食」、「摶食」，是以鼻嗅香、以舌嘗味的實體飲食等，能資益長養諸根。一般食物，肉、菜，及飲料、香氣等，都屬於此類。

此類食物又可歸納為五類，即飯、麨、麥豆飯、肉、餅，或麨、飯、乾飯、魚、肉，稱為五種蒲闍尼（梵語 bhojanīya），指食物、軟食，又稱為五噉食、五正食，也就是為了攝取飽足飲食，相當於現在的主食。

其他如枝、葉、花、果、細末磨食，或根、莖、葉、花、果等五種，稱為五種佉闍尼（梵語 khādanīya），意思是指咀嚼之物，即堅食，又稱為五嚼食、五不正食，可以視為輔助的食物。以上合稱二類十種。此外，再加上五種奢耶尼（酥、油、生酥、蜜、石蜜），即為十五種食。

②觸食：又稱作「更樂食」、「樂食」、「溫食」，是指透過與外在物質之接觸，而使身體產生 舒服快 之食物。如，衣服、傘蓋、香花、香油等美好裝飾，或與美女俊男群聚的賞心悅目等。精神之主體透過感覺器官，由接觸作用的心之作用，依此能長養感覺、意志，或資益健康，所以稱之為「食」。指接觸喜愛的事物能長養身心者。例如：看喜歡的書、電影，心情愉悅，長時間也不感覺疲累。

③思食：又稱為「意思食」、「念食」、「意食」、「業食」，即意志之作用（思），期求自己所好者存在之狀態；以其能延續生存狀態，故稱為食。以思考、意志作用資助諸根。「望梅止渴」即可說明此種狀態。

④識食：指精神之主體。依前三食之勢力能造作未來果報之主體，以其為保持身命之主體，故稱為食。以第八識支持有情之身命。如無色界及地獄眾生以識食為食。

超越世間的食物：「出世間食」

除了世間的食物，《增壹阿含經》卷第四十一（注3）中也提到另外五種超越世間的「出世間食」：「彼云何名為五種之食，出世間之表？一者禪食，二者願食，三者念食，四者八解脫食，五者喜食，是謂名為五種之食。如是，比丘！九種之食，出世間之表，當共專念，捨除四種之食，求於方便辦五種之食。

經中說，五種出世間的食物，分別為：禪食（禪悅食）、願食、念食、八解脫食、喜食（法喜食）。茲分別說明如下：

①禪悅食：指行者以禪法資益心神，獲得禪定之樂，身心適悅，能

長養肉身，資益慧命，宛如食物能長養肉體、存續精神，所以稱為禪悅食。《法華經》〈五百弟子受記品〉（注4）中，佛陀授記弟子富樓那未來成佛之淨土：「其國眾生常以二食，一者法喜食，二者禪悅食。」

②法喜食：指行者聞法歡喜而增長善根，能資益慧命；猶如世間食品能長養諸根，維持生命。《大乘本生心地觀經》卷五（注5）中則說：「唯有法喜禪悅食，乃是聖賢所食者，汝等厭離世間味，當求出世無漏食。」

③願食：願是誓願。指行者發起大弘誓願，欲度脫眾生，斷除煩惱，證取菩提，而以願力持身，常修萬行，長養一切善根，資益慧命，如世間食物增益色身。

④念食：念是護念、憶念。指行者常憶持所得的出世善法，身心寂定，護念不忘，則增長善根，資益慧命，如世間食資益色身。

⑤解脫食：解脫為自在之義。指行者修出世聖道，斷煩惱業之繫縛，不受生死逼迫之苦，即增長善根，資益慧命，如世間食。如：《中阿含經》卷第十（注6）中說：「如是明、解脫亦有食，非無食。何謂明、解脫食？答曰七覺支為食。七覺支亦有食，非無食。何謂七覺支食？答曰四念處為食。」

此五種食物可以長養修行者的慧命，與前所說之「四食」，合稱「九食」。由此可知，佛法對飲食的觀點，已經不僅止於物質性的食物，而是含蓋了精神層面與修行解脫的食物。

在佛教經論中，將味覺分成基本的六味，即苦、醋、甘、辛、鹹、淡等六種味。《大寶積經》卷第一百一十（注7）中說：「如人舌得食物，知甜、苦、辛、酸、鹹、澀等，六味皆辨。」

在明代一如法師編纂的《三藏法數》中以「六種味」（注8），含括各種味覺：

①苦味：其性冷，能解腑臟之熱，故味之冷者為苦。

②醋味：又作酸味、酢味，其味涼，能解諸味之毒，故味之酢者為酸。

③甘味：又作甜味，其性和，能調和脾胃，故味之甜者為甘。

④辛味：又作辣味，其性熱，能煖腑臟之寒，故味之辣者為辛。

⑤鹹味：又作鹽味，其性潤，能滋於肌膚，故味之調者，必以鹽為首。

⑥淡味：即薄味，味之淡者，是受諸味之體。

而其中也說明，雖然修道人不執著飲食滋味，但為了身心康健利於修道，也需要調合六味：「謂凡調和飲食之味，各有所宜，無出此之六種。雖進修道行之人，不尚於味；然滋益色力，亦由於此。所謂『身安則道隆』，故有六味之須也。」

《大般涅槃經》（注9）中則以經之六味與食物的六味相配作為譬喻：「我於是經，為說六味。云何六味？說苦醋味、無常鹹味、無我苦味、樂如甜味、我如辛味、常如淡味。彼世間中有三種味，所謂無常、無我、無樂。煩惱為薪，智慧為火，以是因緣成涅槃飯。」

除了食物的味道，六根中作為味覺主體的舌根，也是感受味覺的關鍵。我們的身心狀況，密切的影響著味覺。最明顯的例子，即是感染新冠病毒後所造成的嗅覺、味覺喪失。平常舌苔增厚時，也會造成味覺遲鈍、食欲下降的情況。在佛陀的三十二種相好中，其中一者稱為「味中得上味相」。在《大智度論》卷第八（注10）中說：「二十六者、味中得上味相：（略）……若菩薩舉食著口中，是時咽喉邊兩處流注甘露，和合諸味，是味清淨故，名味中得上味。」佛陀不會貪著美味，也不會瞋於劣味，所以其舌放鬆、柔軟、平順，自然產生津液，能吃出食物中的美味，所以稱為「味中得上味相」。相較之下，一般人則因為

心之執著，舌根常處於緊張的狀態，無法分泌充足的唾液，吃不到食物的好滋味。

禪定與飲食的關係

佛經中記載著人類的起源和演化的階段，飲食在其中也扮演著重要的角色。在《起世因本經》卷第九（注11）中，記載人類的祖先原為光音天的天人。光音天為二禪天之天，具足二禪定力的眾生投生此界。光音天天人身色極為殊勝，身高八由旬，壽長八大劫，以喜悅為食，常住於安樂，自然發出光明，具足神通，可在空中飛翔。此界眾生由定心所發出無邊的光明，他們不需要世間的語言溝通，而是以心念相通。

地球形成之初，有部分天福已盡的光音天人，他們的禪定力開始退失，被美麗的地球所吸引而駐足遊賞。當時地球剛形成，天地混沌。其中有一位天人，好奇的取了一點地表上湧出的「地味」來嘗，發現極為美味，於是其他天人也跟著吃了起來。不料隨著他們吃下愈來愈多的地味，身體就變得愈來愈粗重，身色愈來愈暗濁，不再發出淨光，同時也失去了在空中飛翔的神通力，只能在地上行走。由以上的描述，可以看出光音天人演化為地球人類的過程中，「飲食」是一個明顯的分野。從以「喜悅」為食的天人，到以「地味」為食的人類，禪定的退失，心性的鈍化，改變了飲食習慣，而攝入之食物又使身體的質性產生了變化，身體粗重、暗濁，種種身心煩惱也逐步增長。

反之，當身心的禪定力增長，則可由宇宙中獲取能量，不必依賴食物來維持生命。佛經中記載，修習至四禪階段的行者，定心安穩、出入息斷（呼吸停止），心如明鏡，如淨水無波，此時已不需要任何氣息維持生命狀態，生命現象已全然停止、心臟也停止跳動，但身心依然含蓄有生命機能。

達到四禪以上的修行者皆可斷息，不必依賴飲食、呼吸來維持生命，他們依據意識活動的大小，可自宇宙中獲取能量維持生命，此時已全然

不需以氣體作粗的能量供應，而可由光或自體化合產生，且愈高階的禪定，愈不需要外來的能量。近代高僧虛雲老和尚於終南山結茅修行時，有一天他在等待釜中的芋頭煮熟時，身心自然入定達半個月，醒來開釜一看，只見釜中的芋頭都已經結冰了。廣欽老和尚亦曾入定長達四個月，呼吸停止，往來的樵夫以為他坐滅了，都催促著應該盡速將其火化，幸好他的師父請來弘一大師審視，確定廣欽老和尚是入於甚深禪定的狀態，才彈指使其出定。這些都是近代廣為人知的實例。

佛陀前瞻的飲食養生觀念

前瞻的飲食衛生觀

由於古代的衛生條件缺乏，為了僧眾的健康，佛陀曾制戒禁止比丘啖食生的草、菜、瓜果等。若要食用，一定要經過火燒煮，或是以刀、爪甲等袪除其皮、核，之後才能吃，或是以自然乾燥的「蔫乾淨」，或是以鳥啄之的「鳥啄淨」，經過這五種方法處理過的蔬果，袪除其生寒之氣及外皮不淨，稱之為「五淨食」。也有說五淨食是以拔根淨、手折淨、截斷淨、劈破淨、無子淨等五種方法處理過的食物。

除了食物之外，飲水衛生也和健康息息相關。佛教比丘隨身物品之一，即是「漉水囊」，是一種用布製成，將水濾過，用以排除蟲類的器具。除了濾水使水潔淨，也慈悲避免誤食水中之蟲。在《摩訶僧祇律》卷十八中說：「比丘受具足已，要當畜漉水囊，應法澡盥。比丘行時應持漉水囊。」

《四分律》卷五十二中（注12）亦說：「不應用雜蟲水，聽作漉水囊。」

在《摩訶僧祇律》〈明雜跋渠法之十〉、《教誡新學比丘行護律儀》、

《釋氏要覽》中，對佛教僧團的齋食皆有詳細的規範，從其中可觀察出佛法對飲食衛生習慣的重視。《釋氏要覽》卷上〈中食〉（注13）中說，食後應漱口及嚼楊枝：「若食噉未漱口，設漱刷尚有餘津膩，是名有染。若互禮招愆故，食後事須漱刷口齒。」

「齒木」又稱為「楊枝」，宛如現代的牙刷，是古印度清潔牙齒、刮舌苔之木片，也是古印度僧人須隨身攜帶的十八種日常用品之一。在《五分律》（注14）中記載：「有諸比丘，不嚼楊枝，口臭食不消。有諸比丘，與上座共語，惡其口臭，諸比丘以是白佛，佛言：『應嚼楊枝。嚼楊枝有五功德，消食、除冷熱、唌唾善能別味、口不臭、眼明。』」佛陀在世時，因為有比丘用餐後不嚼楊枝（飯後不刷牙），而產生了嚴重的口臭，造成僧團困擾，而向佛陀稟告此事。佛陀因此教比丘飯後應嚼楊枝，除了能幫助消化、清潔口腔，預防口臭，且能有助於眼明。由此可知，佛陀制定僧團的生活規範戒條，皆是有因有緣而制戒。

唐代道宣律師所著之《教誡新學比丘行護律儀》中，載有〈二時食法〉六十條、〈食了出堂法〉十條、〈洗鉢法〉十七條，其中洗鉢法（注15）可看出對餐具清潔衛生之注重：「十五、夏月熱時，早朝洗鉢，須用新水。十六、若有夜宿水，更須再濾了洗鉢，恐水經宿有蟲生。十七、喫粥了，若受外請，鉢不能隨身，當用皂莢洗，不問春、夏、秋、冬皆耳。」

而在義淨所著的《南海寄歸內法傳》〈五、食罷去穢〉（注16）則記載：「食罷之時，（略）……手必淨洗、口嚼齒木疏牙刮舌，務令清潔，餘津若在即不成齋。然後以其豆屑、或時將土水撚成泥，拭其脣吻令無膩氣。」

　　澡豆（或稱豆屑）是古代洗滌用的粉劑，以豆粉添加藥品製成。呈藥製品的粉狀。用來洗手、洗面，除了用以清潔之外，也能使皮膚滑潤光澤。

　　在《梵網經》（注17）中將楊枝、澡豆、漉水囊，列為大乘比丘遊方隨身的十八種物品之中。「楊枝」，用以清潔口腔；「澡豆」相當於現代的「肥皂」，用於淨手、鹽洗、沐浴；「漉水囊」相當於現代的隨身濾水器，過濾飲水中的雜質、細菌。由上可以看出佛陀前瞻的飲食衛生觀念，防範疾病於未然，正是現代人愈來愈重視「預防醫學」的觀念。

節量食的功德

　　民間自古流傳著「七分飽」長壽養生的說法，而現代科學也證明吃七分飽能保證攝入足夠的營養，並長期保持七分飽原則，不有助於控制體重，還有利於身體健康。二千五百年前的佛陀，即已提出「節量食」的先進觀點。

　　在《出曜經》（注17）中說：「多食致患苦，少食氣力衰，處中而食者，如稱無高下。」吃太多導致種種疾患，吃太少則氣力衰弱，適中的飲食才是理想的飲食方式。《薩遮尼乾子經》〈請食品〉中偈曰：「噉食太過人，身量多懈怠，現在未來世，於身失大利，睡眠自受苦，亦惱於他人，迷悶難寤寐，應時籌量食。」吃太多容易導致肥胖，無論在身材或健康上都是很不利的。吃太多也會影響睡眠，積食、腹脹，不容易入睡，產生睡眠障礙。

　　而在《解脫道論》卷第二〈頭陀品第三〉中說：「云何受節量食？若飡飲無度增身睡重，常生貪樂為腹無厭。知是過已、見節量功德，我從今日斷不貪恣，受節量食。云何節食功德？籌量所食不恣於腹，多食增贏，知而不樂，除貪滅病斷諸懈怠，善人所行是

業無疑。」其中說明飲食無度貪口腹之欲，不但會導致肥胖，也增長睡眠昏沉。因此修行人應「籌量所食」、「除貪滅病」，才是善於飲食之道。

　　享受美食為人生帶來喜樂歡愉，但如果貪於口腹無法節制，卻也是禍害之始。從佛陀教誡弟子的「節量食」，可以看出佛陀科學、前瞻的的飲食觀與實踐。

修行者的食存五觀

　　除了飲食適中，對受十方供養的修行者而言，佛經中更提出「食存五觀」，也就是飲食時的五種思惟。在宋·道誠所輯《釋氏要覽》卷上（注20）中說：「一、計功多少，量彼來處；二、忖己德行，全缺應供；三、防心離過，貪等為宗；四、正事良藥，為療形枯；五、為成道業故，應受此食。」

　　①計功多少，量彼來處：靜觀一鉢飯，經過墾植、收穫、舂磨、炊煮等諸多工序，得來不易，不應浪費。

　　②忖己德行，全缺應供：反省自己的德行全、缺，是否可以承受這些供食。

　　③防心離過，貪等為宗：要飲食時不應於上味起貪著、於中味不覺知、於下味起瞋心，防範心念踰越，遠離諸過患，當知貪欲為諸過之根源。

　　④正事良藥，為療形枯：善觀食物如同滋養四大假合肉身之良藥，使身心安康。

　　⑤為成道業，應受此食：為了身心氣力充足，精進修行，成就道業，而受用此食。

　　由此可觀見佛教的飲食觀中，飲食並非為了享受美味，而是以修道、解脫為核心，飲食只是為了滋養身心、利於修道，如同良藥一般，助人解脫身心煩惱。

布施飲食的福報

由於飲食關乎人身活命，因此布施飲食可以獲得相應的福報。在《施食獲五福報經》（注21）舉出，施食者可獲得下列五種福報，即：

①人如果七天不食則死，如果以飲食布施之，則是延長其性命，即「施命」，因此施命者將獲得世世長壽、財富無量的福報。

②如果人吃不飽、營養不夠，則顏色憔悴，若能以飲食布施他人，則能潤其色澤，即為「施色」，此施色者當得世世端正、人見歡喜之福報。

③人若不得食，則身體羸弱、體力虛弱，若能以飲食布施之，則能增其體力，即為「施力」，此施力者當獲得世世身健多力而無耗減之福報。

④人若不得飲食則心中愁憂、身體危弱，惴惴不安，若能以飲食布施之，而令其身心安穩，即為「施安」。此施安者當得世世安穩、不遇災患之福報。

⑤人若不得食則體弱乏力，難以言語，若以飲食施之，而令其氣力充足，言語無礙，即為「施辯」，此施辯者當得辯慧通達、聞者喜悅之福報。

從「藥石」到「懷石」

日本最具代表性的料理之一：「懷石」，與禪門的「藥石」有著緊密的關聯。再向上回溯，則要從佛陀制定「非食時戒」的因緣說起。在《五分律》卷第八（注22）中記載：佛陀時代的僧團以托鉢為食，某次由於比丘於天黑後托鉢，當時天暗且閃著雷電，加上比丘黝黑的膚色，靜靜站在門口托鉢乞食，使施主家懷孕的女主人以為見了鬼，受到極大的驚嚇而流產。佛陀得知此事後，即制定出家比丘之「非時食戒」，依戒律所制，早晨到正午之間為食時，若過此時間則成非時食。

在《薩婆多論》（注 23）中則進一步說明佛陀制定此戒的原因：從清晨至日中，是世人營作事業、備飲食的時間，此時托缽乞食較為方便，不會擾煩在家人，所以稱為「時」（適合托缽乞食的時間）。而午後日漸西沒，是在家人休養生息時，也是修行人靜坐修道時，所以稱為「非時」（不適合托缽乞食的時間）。因此行乞、飲食應當於午前具辦，不可延至午後。

此外，《大毗婆沙論》中也指出，過午不食有如下利益：少昏睡，無宿食、積食不消化的疾患，而且心易得定。由此可見，從降低打擾施主為考量的慈悲心，及個人健康層面的思惟，可以說是佛陀制定「非食時戒」的二個核心要點。

然而，一般人日食三餐的飲食習慣並不容易改變，晚間飢餓難忍，也是常有的事。佛法傳到漢地之後，由於中、印風俗相異，出家人托缽為食，也轉變為自耕自食，由寺院自行備辦飲食，在中國禪林也轉變成晚間吃粥飯，而將此餐稱為「藥石」，意指治療飢餓之病。在《禪林象器箋》〈飲啖門〉「藥石」條（注 24）中說，晚上吃粥是為養體療病，進修道業，所以稱為「藥石」。

而「懷石」一詞的由來，相傳源起於僧人為耐晚間腹饑，而將溫石懷抱於腹上。後來懷石料理被用來指涉為「茶之湯料理」，屬茶會的前奏。早期懷石料理的內容除了主食米飯之外，副食基本上是一湯三菜或兩菜，相當於庶民家常菜色。然而千利休的侘寂美學的精神，卻在後世的懷石料理中逐漸被忘失，而成為菜色豐富、所費不貲的高級料理，甚至從擺盤、上菜、取食、進食的動作，都有詳細的規則，限於形制。

懷石源於禪心的純一、素樸與創意，最後成為華麗、奢侈的料理代表，也是極為奇特的歷程。或許只有回歸禪心本懷，才能嘗到懷石料理的真正滋味。

從味覺到六覺

美食當前，令人垂涎三尺，講究色、香、味俱全的佳肴，從心理層面到生理層面，食物從最原初延續生命的作用，擴大到五感六識的身心藝術。

食物的口味，包括其質地、氣味、溫度、色彩，和刺激（如香料、音聲）等等特色。我們也常用某些食物來刺激聽覺，如新鮮的小黃瓜有輕脆的聲音，鐵板燒有誘人的嗞嗞聲響，甚至洋芋片的設計，使人們必須張大口去咬碎，發出清脆的音聲，形成味覺的一部分。

在大快朵頤之前，人們通常是先聞到美食誘人的香味，這已足夠令人垂涎三尺。氣息與味道使用共同的通風管道，正如高樓的居民會知道鄰居那一家正在燒烤、燉滷食物。而我們口中留有某種食物的餘味時，自己可以嗅聞得到，感冒的人則因為缺乏嗅覺，連帶使味覺也產生障礙。

形容食物美味的成語中，可以感受到食物引發人類身心的感官的連動性，如「聞香下馬」，因為聞到食物的香味而被吸引，現代人可能是「聞香下車」，食物的香味影響行為。「望梅止渴」，看到梅子口中自然生出津液，看到食物所引發的生理反應。即使僅是存記憶中的味道，也可以讓人「回味無窮」，懷念「媽媽的味道」。

在《增壹阿含經》卷第三十一（注25）中則說，眼、耳、鼻、舌、身、意等六根也有各自的「食物」。由於阿那律尊者之前聞法時打瞌睡被佛陀呵責，而後發奮精勤修行乃至不睡眠，於是世尊告訴他：

「汝可寢寐，所以然者，一切諸法由食而存，非食不存。眼者以眠為食，耳者以聲為食，鼻者以香為食，舌者以味為食，身者以細滑為食，意者以法為食，我今亦涅槃有食。阿那律白佛言：涅槃者以何等為食？佛告阿那律：涅槃者以無放逸為食，乘無放逸，得至於無為。」

經中說，眼根以睡眠為食物，耳根以音聲為食物，鼻根以氣味為食物，舌根以味道為食物，身根以細滑的觸感為食物，意根以法為食。而以無放逸為食，則能達涅槃。而現代人的六根受到六種食物的吸引，長期「暴飲暴食」、「重度使用」下，嚴重戕害了身心健康。

從一百多年前電燈發明之後，人類的眼壓就注定要愈來愈高。

今天，電燈之外，電腦、平板、手機等 3C 產品已成為現代人生活中不可或缺的產品，「五色」之迷已經成了「五百色」之迷，每個人的「視覺」都在承擔不可承受之重。

現代人的生活與手機密不可分，無論是來電或是 LINE、微信來訊的聲響，都主宰了我們的耳朵。加上 FB、抖音 TikTok 普遍流行，碎片的訊息牽動著人們的神經。而海量下載、唾手可得的喜愛音樂，使一天長達數小時載耳機聽音樂成了生活日常。2021 年，世界衛生組織曾發出警示：不恰當的聆聽習慣，將有超過 10 億年輕人面臨永久性的聽力損傷風險，預計到 2050 年有近 25 億人有一定程度的聽力受損。我們無時無刻不在聽，聽的各種聲音也都在愈來愈大，但是我們也卻「愈來愈有聽沒有到」。我們在走向一條音量需要愈來愈大，但是能聽到的範圍卻愈來愈少的「聽覺」急速受損之路。

我們生存環境的條件不斷惡化，空氣中的懸浮粒子日益增加，我們的鼻子，愈來愈容易過敏，但是對應該享受的氣味則產生鈍化。在大家需要愈來愈多的香水的同時，我們的「嗅覺」在解體，和呼吸系統相聯接的「嗅覺」，也是睡眠問題嚴重化的一個根源。

現代食物中的添加物、防腐劑愈來愈多，讓我們的舌苔長得愈來愈厚。舌苔上的細菌不但比牙齒上的多很多，也隔離了我們與吃到美食原味的距離，我們的「味覺」，也在被破壞中。

對於身體姿勢及生活方式的不注意，使得我們的肌肉、骨骼與身體日益處於緊張與扭曲的狀態。於是，我們的身體，常在平常不經意的觸

碰下受到驚嚇、受傷，而對於應有的敏感體會時，卻處於鈍感。我們的「觸覺」，在日益麻木中。

各種媒體發展，各種資訊遍布，其中的偽訊息到處充斥，我們的心念隨時處於「刺激－反應－刺激」的惡性循環裡，愈來愈失去自覺覺知的能力。我們的「知覺」，也在逐漸模糊中。

《老子·道篇》中說：「五色令人目盲；五音令人耳聾；五味令人口爽；馳騁畋獵，令人心發狂；難得之貨，令人行妨。」繽紛的色彩使人眼花撩亂；浸淫於各種美妙的音聲使人聽覺失靈；放縱於種種美味使人味覺受損；縱情獵掠使人心思放蕩發狂；稀有的物品容易使人生起貪心，行於不軌，正能說明六根追逐六塵所造成的身心傷害。

幸福的味覺革命

味覺，是生命中一種奇妙旅程，如何在味覺的覺知中，開創出幸福，是值得我們期待的。如何在現代高度的感官享受下，保有六根的清明自覺，掌握人生幸福的自主權？帶給人生高度幸福感的飲食，正是最佳的入手處。

2016 年母親節，臺灣鐵路管理局以我所繪的幸福觀音進行彩繪列車，舉辦「觀音環臺·幸福列車」，滿載三百位旅客，進行二天一夜的觀音列車環臺之旅，同時在臺北、大甲、永康、高雄、臺東、花蓮、南港等七大車站，進行七大觀音畫展，火車站化身為美術館。此外，臺鐵也以我所繪的幸福觀音畫作為視覺設計，推出「觀音紀念月票」及「幸福 Q 便當」。

「幸福 Q 便當」由我的學生龔詠涵女士所企畫指導。當時她受臺鐵餐旅總所禮聘，運用我所創發的「放鬆禪法」，教導臺鐵廚師如何在身心放鬆的狀態下料理烹煮食材。經過放鬆禪法的培訓之後，臺鐵的廚師們產生了各種奇妙的感受，有人說：鍋鏟變輕了！有人說：炒菜變快了！

也有人說：炒出來的菜顏色變漂亮了！「幸福 Q 便當」以「食材養生、滋味幸福、色彩繽紛」三大特色，讓民眾明顯感受到臺鐵便當幸福升級。而此年臺鐵便當年銷售量也高達 1048 萬個，首次突破千萬。換句話說，如果能幫助臺鐵廚師身心放鬆愉悅，做出來的便當就能守護千萬人的健康。幸福味覺心法，創造了企業（臺鐵）、員工（廚師）、消費者（民眾），幸福的多贏奇蹟！

　　素食的風潮是世界趨勢，根據 2021 年 3 月全球市調公司歐睿國際（Euromonitor International）的統計資料，「彈性素食主義者」，高達全球人口的 42％，其中大部分人都是為了追求健康。在臺灣，素食者占總人口 13％，為全球排名第二，僅次於印度。近年來蔬食人口更有年輕化趨勢，從早期以宗教為主，漸漸也有為了環保、養生而蔬食。衛福部國民健康署曾因國人蔬果普遍攝取不足，而提出「一週一日蔬食環保餐」的飲食建議。2021 年《美國新聞與世界報導》（U.S.NEWS and World Report）也將「彈性素食」評選為「整體最佳飲食法亞軍」、「最有助於減重飲食法冠軍」。

　　早年即有學人建議，希望我寫一本蔬食的食譜，守護蔬食者的身心安康及修行。當初甚至還想好了以「沒滋味」作為書名。未料一轉眼已數十寒暑，當年的心願如今竟在此本《淨蔬禪食》中圓滿。我的大姊洪繡彎女士，從早年「亞洲包裝皇后」、「企業管理顧問」，到如今旅遊各國的美食專家，而她跨領域的卓越成就，一甲子的功力可說綜攝呈現於本書之中。本書的蔬食食譜，皆是她從我關於《心經》的著述中汲取靈感，心領神會，使每一道菜都呈現《心經》一字一句的意境。

　　祈願一切有緣的讀者，除了以飲食長養身心，進而以「味覺革命」圓滿「六覺革命」，體悟《心經》：「無眼、耳、鼻、舌、身、意，無色、聲、香、味、觸、法」的智慧，以飲食三昧來圓滿健康覺悟、快樂慈悲的人生！

注釋

- 注 01：《阿毘達磨大毘婆沙論》卷第一百二十九，大正藏第二十七冊（T27, No.1545, p.674b）。

- 注 02：《增壹阿含經》卷第二十一，大正藏第二冊（T2, No.125, p.656c）。

- 注 03：《增壹阿含經》卷第四十一，大正藏第二冊（T2, No.125, p.772b）。

- 注 04：《妙法蓮華經》卷第四〈五百弟子受記品第八〉，大正藏第九冊（T9, No.262, p.27c）。

- 注 05：《大乘本生心地觀經》卷五〈無垢性品第四〉，大正藏第三冊（T3, No.159, p.314b）。

- 注 06：《中阿含經》卷第十〈習相應品第五〉，大正藏第一冊（T1, No.26, p.489a）。

- 注 07：《大寶積經》卷第一百一十〈賢護長者會第三十九之二〉，大正藏第十一冊（T11, No.310, p.614a）。

- 注 08：《三藏法數》，大藏經補編第二十二冊（B22,117, p.408c）。

- 注 09：《大般涅槃經》卷第四〈如來性品第四之一〉，大正藏第十二冊（T12, No.374, p.385c）。

- 注 10：《大智度論》卷第八，大正藏第二十五冊（T25, No.1509, p.90c）。

- 注 11：《起世因本經》卷第九，大正藏第一冊（T1,No.25, p.413b）。

- 注 12：《四分律》卷五十二，大正藏第22冊（T22, No.1428, p.954b）。

- 注 13：《釋氏要覽》卷上〈中食〉，大正藏第五十四冊（T54, No.2127, p.276c）。

· 注 14：《五分律》卷第二十六，大正藏第二十二冊（T22, No.1421, p.176b）。

· 注 15：《教誡新學比丘行護律儀》，大正藏第四十五冊（T45, No.1897, p.872b）。

· 注 16：《南海寄歸內法傳》〈五、食罷去穢〉，大正藏第五十四冊（T54, No.2125, p.207b）。

· 注 17：《梵網經》〈盧舍那佛說菩薩心地戒品〉第十卷下卷，大正藏第二十四冊（T24, No.1484, p.1008a）。

· 注 18：《出曜經》卷第九，大正藏第四冊（T4, No.212, p.655b）。

· 注 19：《解脫道論》卷第二，大正藏第三十二冊（T32, No.1648, p.405b）。

· 注 20：《釋氏要覽》卷上，大正藏第五十四冊（T54, No.2127, p.274c）。

· 注 21：《施食獲五福報經》，大正藏第二冊（T2, No.132b, p.855a）。

· 注 22：《五分律》卷第八，大正藏第二十二冊（T22, No.1421, p.54a）。

· 注 23：《薩婆多毘尼毘婆沙》卷第七，大正藏第二十三冊（T23, No.1440, p.551b）。

· 注 24：《禪林象器箋》〈第廿五類·飲啖門〉，大正藏第十九冊（T19, No.103, p.669b）。

· 注 25：《增壹阿含經》卷第三十一，大正藏第二冊（T2, No.125, p.719a）。

洪啟嵩老師畫作

PART 1

品。味

大自然的瑰寶：食用植物

我們觀察大自然中植物的奧妙，無疑為自己的生命開啟了感官的繽紛幸福世界。無論是保有泥土天然味的根莖，青、紅的美豔葉片，成千上萬含有酸、甜、苦、澀、辛辣的芳香氣味植物，它們藉由土壤、水分、山岩、再加上陽光、空氣，建構出自己的生命。

植物為了保護生命，以色彩、味道及發出氣味來鎮嚇敵人或吸引朋友，這些化學反應的產出，即為視覺之美與味覺驚豔的來源；而保護植物免受威脅的元素，也同樣可以保障人類的平安。所以，當我們吸取蔬菜、果實、穀物、香草和各種香料的營養時，也是合成了對生命有益的食物。

追根究柢，人類的祖先係以植物為食，各種果實、葉片、種子皆為維生之食物；直到一萬年前，才開始農耕，培育穀物，種子類和塊莖植物，這些植物能量高，蛋白質成分豐富，還可大量栽種、儲藏，開啟定居生活。然而，攝取植物性食品的種類也大幅降低。

近年來，研究顯示，食用植物讓身體維持鹼性，有益提高免疫力，對抗病毒；因為要長期維持健康，富含多樣元素的蔬、果、香草和香料，必須大量攝取，而自然界與人類合作創造的無限植物資產，正以迷人之姿向你招手。

感官與知覺

一般人描述「感官知覺」都以視覺——眼，聽覺——耳，嗅覺——鼻，味覺——舌，觸覺——身等五覺來敘述，洪啟嵩禪師加上「意覺」，總共「六覺」。

味覺

我們在嘗試新食物時，你自己或朋友，會詢問你喜不喜歡它的「味道」，我們的確用「口腔」來品嘗味道，因此，味道成了進食經驗的設定值。對於食物，我們看著它，嗅著它，接觸它，我們喜歡或者不喜歡的，事實上是它的氣味、味道、質地、外觀聲音，甚至色彩多種元素的混合；我們體驗到的「風味」（flavor），就是味道、氣味、質地三種特質的結合體，如果光用嘴巴，只能察覺出五種「味道」，而非「味覺」。

例如番茄的「味道」，有甜、酸和鮮味；它的「氣味」則包含青草味、青澀味、水果味、土壤味、一點霉味；番茄的質地依成熟度及烹調方式，有多種呈現，包括多汁、硬、生、澀、柔軟、軟爛等等，而我們則由以上元素嘗到了整體番茄風味。

基本的「五味」

一般人熟悉的基本味道是酸、甜、苦、鹹四種，「鮮味」（umami）是二十世紀初期才被日本人發現定位的新感覺，所以以日文定名，我會在後文逐步說明。

這五種基本的味道，是我們光用味覺，並未動用其他感官輔助之情況下得到的感覺；然而，食物要美味，每一種味道都很重要，並非每一種食物或烹調要同時包含這五種味道，也並非該以同樣比例調製，然而，平衡（balance）是最重要的原則，切忌一種味道壓過其他味道，或者特別突出，顯得食物味道不協調，例如：葡萄酒大都是酸味和苦味，有些甜味含多些，有些有點兒澀味，但幾乎沒有酒是鹹的，因為鹹和酒就是「不對味」；中國人的調味米酒，有一種加鹽的鹹味米酒，它含鹽量極少，也只用來烹調用，沒有人拿來單喝。

舌頭的味覺分布區

在基本五味中，先談「甜味」：

甜味

無論是描述味道，或是對人的形容，都是令人歡喜的，可口，美味是人們對它的感受，最純粹的形式莫如「蔗糖」的味道，然而，許多食物都有自然的甜味，例如水果系列中的果糖，乳製品之乳糖；由於糖分是身體熱量之直接來源，而且立即產生身體及心理之效用，愉悅、滿足感油然而生，人們視之為正向元素。

酸味

酸性物質以檸檬汁和各種醋，為最代表性的「酸性」食物，檸檬汁含強度極高的果酸，醋則飽含醋酸，適度的酸可增添食物風味，使之更為可口，甚至與甜味交叉平衡，例如烤魚、海鮮滴上檸檬汁、木瓜滴幾滴檸檬汁，或用於飲料中、沙拉佐料的均衡等等。

有人偏愛極酸，直接啃檸檬片，喝檸檬原汁，若長期如此，牙齒琺瑯質極易受損，必須小心。

檸檬調味，醋除了調和食物也可用來防腐，醃製食物例如醃酸菜、泡菜，或與鹽調和去除食器污漬。

腐敗的食物也會發「酸」，我們立即察覺「不對味」而抗拒，來保護健康。

苦味

人們對於苦味的反應差別極大，容忍程度也非常不同，有人不能接受一點點「苦」，有人卻「苦得其樂」；「苦味」必須藉助其他味道平衡，

才可顯出可口，苦味食物例如：咖啡、茶、紅酒等，而在蔬菜中也有很多含強烈苦味者，例如：羽衣甘藍、苦苣、苦瓜、刈菜（芥菜）、球芽甘藍等等。而含有藥效的藥草，其化合成分都有苦味，無論中藥、西藥，有些真是苦得難以入口，需用甜味來緩和，這是「有益身體」的苦。

但若是「苦」的劑量過高，則可能有「毒」，所以，人類對苦味有著複雜情愫或者可以說是不敢全盤信任。出於保護自己，總是小心謹慎。

鹹味

「氯化鈉」是鹽最常見的化學形式，「鹹味」則是鈉離子的形容詞。

「鹽」不只是使烹調美味，它對人體極為重要，甚至攸關生死，因為人體體內無法儲存多餘的鈉，所以，要時時由食物中補充，曾經有人跋山涉水，長時間體力不支，以為補充水即可，殊不知差點葬送性命，原因是體內「鈉」嚴重流失，必須同時補充「鹽分」取鈉。

很多食物本身就含有「鈉」，例如海鮮和多種的蔬菜，我們在烹調青菜時，可以先不加鹽品嘗，你會品出「鹹味」，而鹽與甜味真是好搭檔，從小看到母親把鳳梨、蘋果、楊桃、番茄沾鹽吃，也不知原因，只是跟著做，後來母親說，水果「甜味」加一點點「鹹味」會更甜，我們在煮綠豆、紅豆甜湯時，除了糖，也會加一點小撮的鹽使甜味平衡，更為鮮美；缺少了鹽，很多食物會索然無味。

適度的鹽對身體有益，然而過量過鹹也不恰當。中庸之道最為健康。

鮮味

鮮味是最難形容的味道，也有人翻譯為「甘味」，在中國文字或臺語、閩南話中，「甘」是常用的形容詞，在中藥中有「甘草」一項，即名為「甘味」，它與鮮味指的是同樣的味道。

　　1909 年日本的池田菊苗教授發現，「麩胺酸鈉」是和其他四種基本味道截然不同的獨特味道，稱為 umami「鮮」味，他因此創立了味之素（Ajinomoto）公司，專門製造味精，行銷食物的調味料，很多人對味精強烈排斥，或許是因為對它瞭解不多，事實上，少量適當的味精創造鮮味，就像鹽一樣，不用太擔心。

　　科學家直到 21 世紀初期，才辨識出人類舌上對「鮮味」反應的受器；至此，西方社會終於開始涉獵鮮味，由於亞洲料理在西方大受歡迎，因此，「鮮味」也愈為人熟悉。其實，考古學家在古羅馬遺址就已經發現魚醬（garum）——發酵的魚露，在凱撒大帝時已是非常普通的調味料，與當今亞洲，特別是泰國料理一模一樣，人類了解鮮味的歷史已經超過千年了。

　　每個人的鮮味體驗遠在出生之前，因為子宮裡的羊水富含「麩胺酸」，而人乳富含之鮮味也遠高於牛奶；所以，很多人會排斥苦、酸味。但很少人排斥鮮味。

　　富含鮮味的食物包括：各種菇蕈類（尤其是蘑菇、杏鮑菇、新鮮或乾香菇、牛菌菇、黑白松露）、熟成的帕馬森起司、各式醬油、烏斯特黑醋醬、紅酒醋、美極鮮味露（Maggie）、番茄醬、鯷魚、魚露……等等，蔬菜中最容易「嘗鮮」的莫過於羽衣甘藍、新鮮番茄、番茄乾、海帶、昆布等。

　　鮮味讓食物令人驚豔，它與食物中富含的風味完美結合，讓口中充滿著超越食物本身的深度，愛之味公司的山口靜子用「圓潤」（mouthfulness 滿口感）來描述鮮味的感官效果。例如：「熟成帕馬森起司有一種令人滿足的美味圓潤感」，真是最貼切的形容。

　　日本料理是最善用鮮味調理的美食，它不像西餐仰賴脂肪創造風味，反而運用各種鮮味組合，例如沾食生魚片的醬油，製作味噌湯和拉麵湯底的昆布高湯。我曾經看過紐約一家非常知名的法國餐廳，其日本主廚

以濃縮昆布高湯，融入松露醬，作為煎魚料理的醬汁，真是中西合璧，鮮上加鮮的絕妙組合，令人拍案叫絕。昆布無疑是海中鮮味最高的食材，與帕瑪森起司為陸地上鮮味最高的食材有異曲同工之妙。

味覺如何巧妙運作？

舌頭的味覺分布區

雖然在舌頭上有基本的四個基本味道——甜、鹹、酸、苦的分布區，但並不表示一個特定區只能品嘗到那個味道，事實上整個舌頭都可嘗到所有味道，只是強弱與先後次序之分而已。例如酸在舌頭兩側十分濃烈，而甜與苦則分在舌尖與舌根，較能嘗到強烈的味道。

只有味不會有覺，人類的唾液，扮演者融會的角色，事實上，唾液本身即是由代表五種基本味道的化合物所組成，分別是甜味的葡萄糖、苦味的尿素、鹹味的氯化鈉、鮮味的麩胺酸、酸味的檸檬酸，只是它們的量低到我們無法察覺，同時，它們融合得極為巧妙，讓我們感受不到那一種突出的味道。

如果是你取一粒葡萄乾，在舌尖舔幾下，它的味道是出不來的，必須運用口腔內牙齒細嚼，唾液釋出融合，甜味感受到了，酸味也出來了，直到嚥入之前，還有一道程序，才是真正品到風味。

把食物放進口腔之前，或者被食物的香氣吸引，我們首先用的是「鼻前嗅覺」，也稱為「鼻子嗅覺，香氣分子由鼻腔吸入；當食物進入口中，由牙齒、舌頭、雙頰，融合唾液在口腔律動時，釋出香味，在我們呼吸時由鼻子往上吸，產生氣味之流動，稱為「鼻後嗅覺」，也稱之為「口腔嗅覺」，這兩種嗅覺之嗅聞受器都是鼻子，口腔並無嗅覺受器。

我們發現有人嘖嘖有聲的品葡萄酒，他們是為了一邊品嘗，一邊發出聲響，增加香氣的流動，也就是強化鼻後嗅覺（口腔嗅覺）。

我們接受到的味道或香氣，並非單一的個體，它是由味覺和嗅覺系統綜合而出的報告，口腔和喉嚨的味覺細胞，與頭部的三大主要腦神經連結，腦神經將味覺訊息傳送至大腦。舌前的味覺細胞和稱為鼓室神經的腦神經相連；耳內還有「鼓膜」，鼓室神經把味覺資訊經由中耳傳送到大腦，舌咽神經則連接舌頭的後方，各司其職，迅速傳達。

學習開發味覺的奧妙，我們可以嘗試以四個問題來分解：

第一是什麼（what）？你嘗到的是甜？酸？苦？鹹？鮮？或者幾個不同味道陸續出現？

第二個是如何（How）、多少（How much）？嘗到的味道強度如何？濃度幾何？例如是微酸，還是強酸，還是中等，還是淡而無趣，或者濃到無法接受？

第三是口腔位置（where）。這味道在口腔的那裡感覺到，或是入喉嚨嘗到的？例如，苦的味道在嚥入食物時舌根部位感受最強烈，舌頭兩側則強酸特別感受到。

第四是何時（when）？何時感受到那味道，它何時開始？何時結束，何時最強？何時結束？例如我們以稍微青澀還未全紅的番茄為例，開始咬破外皮可能有點苦有點澀，這是「前味」；接著吸食汁液嚼著果肉，會嘗到酸味，這是「中味」；繼續咀嚼吞嚥，可能有甜味出現，這是「後味」，也是味覺經驗的結尾。

嘗試這四個問題，會讓我們對味覺有更深入的感受，味覺是氣味、味道、質地、外觀、聲音的混合感受，視、聽、嗅、觸都會影響所品嘗的味道，容後一一描述。

食的辣味

辣椒的辣味與薄荷的涼味，雖然都稱之為「味」，可是並非由味覺或嗅覺傳達，它們與「觸覺」相關，和疼痛的感覺是一樣的。

這些官能和三叉神經連結，三叉神經也傳遞觸覺、痛覺和溫度。當你吃到超強的芥茉醬或辣死人的墨西哥莎莎醬味，你是因為真正接觸到火辣的辣椒或太強太多芥茉醬，而產生刺痛火燒的感覺，它是觸覺而非味覺，三叉神經和典型偏頭痛的主要顏面神經，與腦部有共同的傳遞關係，所以，太過刺激的辣味食物會引發偏頭痛也是可以理解的。

食的嗅覺

大部分人的認知，品嘗食物，當然首重味覺，殊不知，真正讓我們享受食物之樂的，卻是嗅覺。根據科學家的研究，我們嘗到的味道，有75％到95％其實是嗅覺；我們的嗅覺和味覺必須密切攜手合作，辨識我們口中傳達的訊息，才能達到共同的目標，我們的鼻子嗅覺與鼻後嗅覺（即口腔嗅覺）連成一氣，兩者相互依存，無法分離，一起運作。

如果食物的氣味散播在空氣中，我們才能聞到，因此，氣味的分子，屬於揮發物質（Volatiles），有些食物含有極多揮發性的芳香，例如柑橘類、多數水果等，有些則含量很少或不含揮發物質，例如食鹽、糖結晶；很多食物藉由熱能，即可釋出食物的芳香，例如麵包、咖啡等。

當你走過一家陣陣飄出烤麵包香味的麵包店時，可能不由自主的走進去，多買了幾個麵包；如果你剛好想歇個腳，陣陣咖啡香氣的撲鼻，可能讓你忍不住走進去，聰明的餐廳一定會運用食物的香氣吸引客人，有時單單聞到香氣，就足以讓你口水直吞了；我每次長途旅行在飛機上時，覺得飛機上最喜歡最令人滿足的就是早餐，因為一覺醒來，聞到陣陣烤麵包的香味，就胃口大開了。

　　嗅覺與味覺合體，會成為一種信號，它第一次抵達你的大腦時，就在記憶中刻了一個標誌。迪士尼與皮克斯的著名動畫電影《料理鼠王》（Ratatouille）中有一幕提到——電影中著名的美食評論家安東・伊果（Anton Ego），與匆匆鑽進老鼠廚師烹調出的熱騰騰的普羅旺斯燉菜時，立即回到童年；因為伊果第一次吃普羅旺斯燉菜是在幼年時，嗅覺的記憶十分強烈。如果你第一次聞到普羅旺斯菜是在二十歲，那你下一次再聞到它時，就會把它和你二十幾歲的人生聯想在一起。

　　每個人的個別歷史、文化背景，國家或地域環境，學養、經驗等等，會決定對氣味的偏好，有些人不喜歡某種氣味甚至到厭惡或懼怕的程度，很可能在他的個人歷史經驗中，有過聞了或吃了那種氣味食物而生病或不好的反應；如果你曾經在山上體力不繼之時，吃了某種讓你熱量增長的食物，你可能以後會愛上它；也就是食物氣味的愉悅感會在大腦留下印記，反之，若發生不好的事，它也無法從大腦排除。

　　我自己有很多食物氣味的印記，幸好都是好的；我與外婆感情深厚，她做的很多家常菜都是我印象深刻的，尤其有一道「烏醋吳郭魚」，聞到香味，牙齦開始有酸的感覺，唾液汨汨而出；那是我兒時的記憶，想念阿嬤就想吃這道菜，我複刻很多次，認為材料、佐料都齊了，可是，就是沒有「阿嬤的味道」，有一次，我再做這道菜，魚還在鍋中滾著，轉頭看到「紹興酒」，靈機一動，加一大匙紹興酒熗到鍋中，對了！就是這個味道，我的眼淚就流下來了。

　　我旅行世界各地，常有令人永誌難忘的美食體驗，多年前土耳其安卡拉一家魚餐廳，居然烤出香氣撲鼻口味絕佳的大香菇，在南非酒莊的白醬義大利麵令人銷魂，想到那「繞腦不去」的香味，彷彿回到了當時當地，幸福感油然而生。

　　嗅覺如果失靈，食物變得索然無味，也會喪失食欲。我們鼻子內有一層很薄的黏液，它充滿纖毛，在黏液中飛舞，一旦氣味進入黏液，纖毛就會來回舞動，把氣味分子送進喉嚨，若用力吸氣，則不只由鼻前，

透過鼻後（口腔）加強察覺食物，然後做氣味的認知。如果感冒時，這層黏液就會變厚，更嚴重時，黏液就厚到氣味無法穿透，使你察覺不到氣味，所以感冒生病的人失去嗅覺同時也失去了味覺。

要研究氣味，最有代表性的莫過於番茄，番茄的風味基礎是糖、酸和揮發物質，糖與酸的平衡是好風味的基本，然而揮發物才是關鍵，番茄中有大約四百種揮發物，其中許多含量太低，人類無法覺察，但讓番茄有獨特風味的，大約有十五種揮發化學物質。新鮮的番茄，主要來自酸度，但同樣的，揮發物質才是真正的關鍵，罐裝的番茄或其他水果雖然有令人驚豔的酸度，但因為煮太久了，所有揮發物質的前味都蒸發殆盡，醬汁完全喪失鮮味。所以，吃新鮮的食物不只有益健康，同時因含較多揮發分子，也較美味。

食的觸覺

一般人很少去思考，或者低估了「觸覺」對於我們所吃食物的感受。

設想你在一堆蘋果中，看中了一顆紅豔的，你以身體最敏感的部位「手」拿起來，放入第二敏感部位「嘴唇」和「舌頭」，徹底感受它新鮮的脆感，這是最合理的觸覺感應，因為嘴唇和舌頭有著幾乎和指尖同樣數目的末梢神經。

我們常常以「口感」好或不好來評論對食物的感覺，「口感」就是經由「觸覺」體驗的一種「風味」，如果再加上視覺、聽覺、嗅覺、味覺和意覺，就能完美體驗，此即為六覺的調和。

食物的質地以及聲音，最能影響觸覺的感受，如果咬下的洋芋片不脆，你馬上判定它不新鮮、受潮了，直接反應就是「不好吃」；蘋果咬下去清脆聲愈高，感覺愈新鮮，尤其是在蘋果樹上成熟現採的，無論手、口的「觸覺」都是百分百令人心花朵朵開；有些人喜愛脆桃子，有人偏好軟軟的水蜜桃，那是完全不同的「口感」。

對於食品公司而言，增加食物的「觸覺口感」，使「風味」多元，無疑是吸引消費者最重要的法寶，如果你到美國超市中，看到那些五花八門的偉大「冰淇淋作品」的創意，不禁會折服於乳品公司的智商；高品質的冰淇淋，加上大塊巧克力，滿滿的堅果，更多的櫻桃、草莓、果乾、花生醬、脆餅、軟糖、渦紋的焦糖，甚至還有威士忌，每一口都是滿滿配料的豐盛組合，把「觸覺」的口感發揮到極致。

大部分的廚師或美食愛好者，在談到食物由觸覺引發的經驗時，都會專注在食物的質地；然而，在美國舊金山，有一位特立獨行卻才華橫溢的廚師約書亞‧斯奇尼斯（Joshua Skenes），他在小巷後面，開了一家只有十幾張木桌的「季節」（Saison）餐廳，卻引起轟動，主廚的廚藝自然不在話下，而他在裝修餐廳時，以獨到的方式，將「觸覺」細膩表現，他說：「舒適的環境就是一切！」因此，顧客們所碰觸的一切，餐盤、食器、道具，容易使喚的細緻刀叉餐具、銀器、各種杯子，再加上美食，頂級的服務、佳釀，舒適的座椅等等，總體圓滿才能構成舒適的環境，而最貼心的神來之筆是，每個椅子背後掛上了薄毯，不只是冬日，在舊金山即使沁涼的夏夜，往往令人覺得寒徹骨，此刻，將細緻毛毯裹著身體，有說不出的舒適；身體的舒適是美食享受經驗非常重要的一環，食物感覺更加美味迷人。

我曾經在歐洲旅行時，親身感受到秋冬之際，餐廳椅背放置薄毯，在進餐時披在身上的舒服溫暖，有時更冷時座位旁邊有燈探照，則更完美。在奧地利、希臘、法國、西班牙，如今都可見到如此的裝置，所以，薄毯也變成吸引我進入用餐的因素之一。

有些食物是沒有觸感的，例如流質的食物，如果把所有的蔬果都打成流質，即使加上味道，長時間也不會讓人興味盎然，必須搭配適當的觸感、質地對比，才能交織成有趣的美食，在西餐出菜的過程中，更能解釋如此清況；例如用餐的順序，前菜一般是小巧可愛的幾品開胃菜，它有時以小片蔬菜沾佐料，小餅乾塗鵝肝醬等開始，質地交錯，接下來

由蘑菇濃湯細滑的質感，很輕鬆享受湯品在口中環繞的風味；然後端上爽脆的蘿蔓葉沙拉，淋上潤滑的油醋醬汁，上面灑著烤得香脆的堅果；等到主菜上場時，口感的享受已經暖身，可以咬嚼較大塊堅實，也較費工夫的主菜了。主菜吃完，快樂的終止符──甜點通常質地較鬆軟，即使脆皮也是稍微點綴而已，輕鬆結束餐點讓人心滿意足。大家會發現，餐點美好的順序兼顧了各種不同的質地與觸感，同時由鬆到緊，再由緊到鬆使用餐成為享受也是重點。

在一盤上菜的午餐盤，其配置也是一樣的道理，即使東方如中國料理的宴席或日常餐食，都是兼顧各種口味，質地及觸感來設計的。

前面曾提到，「辣」是「觸覺」而非味覺，在此進一步說明一下：辣椒素是紅辣椒的活性成分，刺激「觸覺神經」，如果吃了太多的「辣椒醬」會使柔軟的口腔內組織發炎，讓人嘴巴像著火一樣，熱而燙，其實是痛的感覺。

高濃度的辣椒素可以製成藥膏、貼布、以治療疼痛，所以，很多治療肌肉、關節、背痛、扭傷的藥布，都是加入高濃度辣椒素；基本上，它就是刺激素。

如果吃了什麼東西，使舌頭、口腔、喉嚨像被叮螫一樣的刺痛，發冷發熱，這種感覺的物質提供者就是「刺激」，刺激不一定不好，它與傳達痛覺到腦部的是同一條神經──三叉神經。這些感覺是非常強烈的「刺激觸覺」，這種刺激也可循序漸進訓練，除非是嚴重排斥者，例如辣味，有人說愈吃愈辣是有道理的，它的強度可以慢慢增加，甚至以往不太吃辣的西方人士，現在很多人也學習吃辣而且愈吃愈開心，它似乎也有某種療癒作用。包括四川辣椒、墨西哥辣椒、薑、肉桂的辛辣，薄荷腦、薄荷的涼，甚至新鮮的初榨橄欖油的招牌辛辣等，都是屬於「刺激」的一環。

另外，必須提到「澀味」，我們常說「苦澀苦澀」，一般人認為澀是苦的一種，其實不一定正確，許多苦或酸的食物本身也有澀味，我們的舌頭根部有苦味受器，然而，澀味卻是由三叉神經或觸覺神經來感受；最為人熟知的澀味是單寧（tannin），紅酒、咖啡、各種茶類都有澀味。

如何感受澀味？你把一顆深紅的紅葡萄放入口中，不要用牙齒咬，以舌頭把皮和果肉分開，你可以把多汁的果肉吞下，把葡萄的皮在口內細細咀嚼，嚼到有點口乾，現在你可以品嚐到澀味，澀是你在舌上感受到的觸覺。

單寧是多酚的一種，這是有益健康的植物抗氧化劑，紅酒所含的單寧來自壓碎的葡萄皮，茶、咖啡、堅果類、石榴等也都含有單寧。這些食物通常都以搭配一、兩種對比的基本味覺，以資平衡，例如：咖啡加奶，紅茶和檸檬的酸與糖的甜味平衡，紅酒釀酒師創造出單寧、酸和甜的完美調和。

食的視覺

為了研究六覺中，視覺對於品、味的影響有其重要性，法國波爾多大學作了一項葡萄酒研究。那是關於「顏色」的試驗。

研究人員先列出了各種描繪酒味的專門詞彙，白酒的風味是——檸檬、荔枝、奶油、白桃、柑橘等，紅酒則是——梅子、櫻桃、菸草、巧克力、丁香等等；他們選擇一款典型的白葡萄酒，1996 年份的 AOC（Appellation d'Origine Contrôlée，葡萄酒產區）波爾多，此酒是由榭蜜雍（Semillon）和蘇維翁（Sauvignon）兩種白葡萄混合製成；他們另選了同為 1996 年份的卡貝內蘇維翁（Cabernet sauvignon）和梅洛波爾多（Merlot Bordeaux）紅葡萄酒。接著把無味的「紅色素」加入白葡萄酒中，使它染得與紅葡萄酒一樣的顏色，作為實驗的第三種酒。這染紅的白葡萄酒與第一種白葡萄酒完全一樣，只有顏色的差異。

受測的品酒者拿到形容酒味的詞彙單及各種酒的樣品，請他們逐一選擇最接近形容詞彙的酒，出人意外的，受測者都認為「紅色的白葡萄酒」味道像紅酒，此研究報告出爐，敘述：「葡萄酒的色澤提供非常重要的感官資訊，誤導了受測者評斷風味的能力。」

　　為何如此容易受到「視覺」的誤導？因為人類視覺的速度比嗅覺、聽覺、味覺、觸覺還快，嗅覺、聽覺必須接近才能感受，而味覺和觸覺必須接觸才能感覺，因此，視覺判斷事物的能力重於其他覺知。

　　如果在黑暗中無法使用視覺，正常人都會立即以觸覺摸索，以其他知覺去判斷或品味食物；我們也曾觀察真正失去視覺的人，如何熟稔的在自家廚房取出食物、道具烹飪，做出美味的菜肴，他們似乎比視力正常者更敏銳的使用觸、嗅、味、和聽覺，而且因為熟悉環境，不斷練習，也能開心生活。

　　我們憑著視覺去市場或超市採購食材，大部分的生鮮食材只能「眼見」去判斷，不可能試吃，這包括色彩、外觀，嗅出的味道，能接觸到的質感，甚至包裝外觀、說明是否吸引我們的「目光」等等，「視覺」是決定採購的最大關鍵。在傳統市場或超市中，很多熟食業者會提供現場試吃，這是非常有效的促銷手法，把買菜變成感官的體驗，也是味覺、嗅覺、觸覺、視覺的綜合官能資訊展現。

　　很多人對於不太尋常的「特殊或怪異」食物，連一眼都不敢看，或噁心而食欲全失；在中國、臺灣，很多東南亞地區，把「蟲」視為優質蛋白質來源，而我真的是聞蟲色變，怕得不得了，有一次去馬來西亞，好友做東請客，一桌子陪客，大家喝酒言歡，好不開心，忽然上來一道炸的酥脆的咖啡色食物，他們馬上一人夾一隻往嘴裡送還咬出聲音，配上一口酒，直呼好香好吃，好友看到我一臉茫然，他滿臉陶醉的笑說：「這是最好吃的酥炸小蚱蜢，很香，很營養的，一定要試試看。」同桌所有人的幸福表情，居然讓我破例吃了一隻，嗯！好像也滿不錯的，真的香脆。

　　這是標準的「體現理論」（Embodiment theory），當你「看到」面前的人吃某種東西興高采烈時，你也會受其影響覺得那東西一定很美味，即使從未嘗試過的東西，反之，若看到其他人品嘗某種食物的不悅，或痛苦的表情，也會受到感染而卻步，這是體現理論運用在吃的「視覺」體驗，在平常，我們看到開心愉悅的面孔，也會感到開心，若見到痛苦的表情，自然也會體會到一點痛苦。

　　人類非常擅長察言觀色，我們並不了解情緒究竟對於行為之影響有多深遠，然而，回顧成長階段的童年，或許長輩、父母對於兒童飲食習慣的養成，有著不可磨滅的影響。記得我小時候最不喜歡的蔬菜是紅蘿蔔及香菜，母親覺得小孩子不可以養成偏食的壞習慣，她常說：「萬物都是恩寵，要惜福，非洲好多人餓死呢！人家沒東西吃，我們卻挑食，沒道理。」小孩懂什麼道理？不愛就是不愛，我們家工廠午、晚餐，主管們是一桌吃飯的，母親交代阿婆煮麵放入紅蘿蔔絲及香菜，我看了心裡直鬧嘀咕但敢怒不敢言，因為我娘很嚴格；其實所有人都知道我這個毛病。母親帶頭，笑盈盈吃著麵，父親說：「太好吃了，真香！」所有員工們滿臉幸福，直誇阿婆煮的麵一流，很奇怪的，這快樂的氣氛影響了我，我不再把紅蘿蔔、香菜挑出來，居然慢慢的連湯都喝得一口不剩了，得到的獎賞是媽媽到臺中的委託行給我買了一件進口游泳衣。

　　所以，如果你希望孩子們對食物有開放的態度，這個體現理論就極有意義；長輩、父母對食物的喜、惡會傳染給家人，尤其兒童從小開始模倣，千萬別在他們面前表現出對於某種食物的厭惡，否則他們也會「討厭」那種食物，積極、正面、愉悅的用餐，足以引導家人健康發展。

　　「視覺」強烈影響我們對食物品味的感受，所以，無論居家或外出用餐，我們喜歡幽雅整潔的環境，「美的」感受也會影響食慾，食物的色彩、形狀、搭配、擺盤的藝術，服務人員的輕聲笑語，餐桌餐椅，周遭的裝飾，都會是造就情緒的要素；所以，評估米其林餐廳，不單是食物一項，所有六覺的觸動，才是成功的因素。

食的聽覺

我通常喜歡在家裡播放音樂，不同音樂的選擇，有時古典、有時現代、有時吉他、有時爵士，端看當時我希望感受的氛圍，在個人用餐時，我會選擇輕柔的鋼琴曲，或法國香頌，在家宴請賓客時，如果那天有奧地利客人，當然非莫札特不可，聲音帶來聽覺的享受，無疑是促進味覺美感的一大助因。

然而，若你覺得食物不適口，可以馬上吐出來，聞到不好的氣味，可以捏住鼻子，看到不喜歡的場景，可以閉上眼睛，但因為耳朵沒有蓋，到了外頭不能自主的場域，不管你同不同意，噪音都會入侵你的耳朵，這可是侵擾而非享受了。

根據聯合利華（Unilever）和曼徹斯特大學所作的研究，發現，背景音樂會影響顧客對食物風味的知覺，如果喧鬧的聲音增大，食客會感覺食物比較不甜也不鹹，如果聲音減小，對這些味道的感覺就增強。顯示噪音有遮蔽味道的效果。

我曾經擔任中華航空公司「重塑企業文化」專案的管理顧問，有一次董事長跟我說：「我們與米其林廚師合作，在陸地上試菜時非常美味的餐，怎麼到了三萬呎高的飛機上，吃起來似乎風味失分太多，怎麼回事？」其實，這並不奇怪，飛機上震耳欲聾的聲音，讓食物甜、鹹及其他味道減低不少，又因機上濕度較低，讓人有脫水之現象，用來溶解五種味道的唾液和能聞出香氣的鼻內黏液都減少，對於味覺自然也有影響；德國人精細的研究試驗也反映在飛機上的食物，德航（Lufthansa）為了測試他們飛機上的食物，特別調整停在地面上飛機的氣壓、聲音、溫度、和濕度，與飛在三萬呎高時一模一樣，走筆至此，回想曾經搭乘德航時，似乎覺得他們的餐及點心都特別好吃。

喧鬧的音樂可能使某些人受不了，然而卻能有效促進酒類的銷售，根據一項在酒吧的研究顯示，如果背景的音樂節奏快又響亮，酒客喝酒

的速度會加快，當然銷售量會增加許多，如果降低音量，放慢節奏，喝酒速度會減緩，飲料、酒也會銷得較慢。

音樂的節奏也會影響顧客進食的速度，在高檔的法國餐廳，顧客停留三小時享用美食是常有的事，節奏快的音樂就不可能出現，反之，一般翻桌率較高的餐廳，快速的音樂讓你心跳加速，快快吃完走人可能是老闆的念想吧。

無論在餐廳或購物場所，我們常常在不知不覺中「聽」進了聲音，而受到影響卻不察覺。一項實驗顯示，以法國與德國的酒類來作比較，在超市播放法國音樂時，法國葡萄酒的銷量比德國酒多，若播放德國音樂則德國酒多於法國酒，然而，只有 14％的消費者承認背景音樂影響他們的選擇。另外，店裡播放音樂的節奏也會影響顧客的購買決定，節奏慢的音樂會讓讓顧客放慢速度，待在店內的時間較長，平均收益自然提高，光是轉換廣播頻道就有全然不同的效果，而顧客卻渾然不覺。

自己把食物放進口中咬食，聽到的聲音也非常重要，如果吃到洋芋片，沒有卡嗞的酥脆聲，你馬上會覺得不新鮮，不好吃。我曾經到日本旅行時，造訪一個可以現摘蘋果的果園，當親手摘下一個大紅蘋果，一口咬下的脆響鮮甜，那個聲音令人欣喜，至今難以忘懷；好多蔬菜、水果或食物，在咬入口中那一剎那，純淨清脆美麗的聲音，讓我們彷彿聆聽美食的歌唱，如果我們能靜心學會由食物的聲音，得到感官之樂，我們會更享受，更健康，更快活。

食的意覺

意覺聞而言之，是「自我身心能量境界」的狀態。沒有好或壞，沒有高低起伏，只是如實地顯現當下身心整合的現況，隨著時間、空間，外在眼、耳、鼻、舌、身五覺的變化，內在的意覺也會微妙的隨之轉換。

我們由眼、耳、鼻、舌、身衍生的色、聲、香、味、觸，亦即前述

的視覺、聽覺、嗅覺、味覺、觸覺等等，由外而內，統攝出進入內心的覺知——意，再由內而外做出反射行為，明明白白。

意覺是「法」，道法、心法、禪法、念法、由內而外，或許，一個念頭源起，產生動或靜，喜或悲，愛或憎，執著或放手；慈悲，愛心是意覺的圓融，如果能夠持續修鍊身心，由放鬆、放下，到放空自己，由緊握我執「意」念，到放鬆、放開、放下，隨時隨境輕彈，「執念」如灰，則無論處於任何境地，必能隨喜隨樂，輕鬆自在。

說到「品‧味」，我們來看看「意覺」的影響。

有一位三十多歲的男性主管，與三位同事到國外出差，住在五星級飯店，美味多元的早餐自然是大家最為期待的，他與另一位同事聞著撲鼻的麵包香，直嚷著：「好餓！好餓！」開開心心走入美麗的餐廳，大讚這氛圍太好了，遠遠看到另兩位同事已經坐在一處四人桌向他們招手了，等他們一起坐下之後，他瞥見先前的同事每人面前一碗燕麥粥，他們把燕麥加上鮮奶調成濃粥，灑上堅果、葡萄乾，是不是很美味？這位主管卻顧不得禮貌，起身說：「不好意思！你們一起吃，我到那個角落去。」怎麼啦？大家丈二金剛摸不著頭腦，其中一位同事說：「想起來了，他很怕黏黏糊糊的東西，記不記得每次聚餐他都不要我們點黏黏的，連勾芡也不行。」

這位坐到角落的主管，剛才的好心情及饑餓感也全然消失了，甚至有作嘔的感覺，雖然好多美食在桌，也絲毫勾不起任何食欲，他的負面「意覺」完全翻轉，主宰了一切。究其原因，原來他年幼僅三歲時，父母離婚，父親馬上再婚了，繼母對他不好，沒耐性等他吃飯，趁單獨相處時，把早餐全部放進一個碗中弄得糊糊的，如果他吃太慢或不愛吃，就罵他、打他，硬塞到他嘴裡。這種可怕的經驗持續傷害著他幼小的心靈，不敢向父親、祖母告狀，怕惹來更大麻煩，於是，這深層的厭惡黏糊食物一直伴隨，陰影直到長大成人還是揮之不去。

我們看到某些人對於某類食物的害怕或不喜歡，有人的反應是——好奇怪！好膽小，事實上，或許在個人的經驗中，有過深層受傷或不愉快，我們應以同理心看待，充分予以尊重，不應該嘲笑或強迫別人要跟我們一樣。

「意覺」對於「人」的感覺極為強烈，且立即轉換到我們身處的環境與食物。如果某人應邀到一個場域或餐廳用餐，而事先他並不知道還有那些賓客，他歡歡喜喜滿心期待的赴會，結果卻坐在一位與他有過不愉快或他非常不喜歡、不對盤的人旁邊，此刻，無論什麼美食都會變得索然無味，心裡不斷懊惱不該參加此餐會，直想「馬上」逃離現場。可見「意覺」對我們「心念」的影響有多大。

維持一顆祥和、慈悲、寬容、充滿愛的心，無論對人、對事、對環境、對食物，以正向能量、欣賞、喜愛、了解，克除太多的「我執」，你愈能以「歡喜心」去對應周遭的一切，愈不會受負能量的影響，修習「意覺」讓我們更幸福快樂，也愈能享受大地的恩賜。

昇華品、味的絕妙法門

①每日的功課

舌苔雖然會自動剝離去化，然而，還是有所殘留，所以，每日一大早醒來，首要之務即以舌苔棒或小湯匙由舌根向著舌尖刮除厚厚一層舌苔，然後以清水漱口，或橄欖油漱口，再刷牙，喝下 350cc ～ 500cc 清水，頓覺口氣清新；日日刮除舌苔，可讓我們舌頭之敏銳度維持最佳狀態，以便好好、細細品味食物。

②生津之道

唾液是口腔潤澤，協助牙齒細化食物，發揮味覺功能，並為消化酶

之部分來源；健康的人，口中生津不間斷，反之，生病者口乾舌燥，唾液分泌不易，甚至口中充滿苦味；身體若水分充足，對於唾液的製造，有很大的幫助，每天大約 2500cc～3000cc 的水是必須的，這不包括茶或咖啡，如果你飲用一杯咖啡，必須補充雙倍分量的清水。

隨身攜帶水壺是很好的習慣，不能因為怕多跑廁所就減少喝水，喝水有時比吃東西還重要；每小時在口乾之前補充一些水分會讓你更健康，品食物更能品出美味。

如果口乾時，剛好手邊沒有水，如何立即「生津」呢？以下練習可助你口中立刻唾液湧出——

將舌頭尖端輕輕抵住上牙後方中央，2～3 秒後唾液立即源源不絕湧出，將其吞下，舌尖不離開，繼續抵著，唾液一直冒出，繼續吞嚥，直到你解渴為止；唾液吞下也有很好的殺菌作用，平常外出無法喝到水時，也可常常以此方法解除「口乾」。

③細嚼慢嚥

我的一位學生是公司的行銷處長，個性非常急躁，有一次我問她早餐都吃些什麼？花多少時間？因為她跟我說常常胃痛；她說，每天早上趕上班，抓一個麵包咬兩下，再一面開車，喝兩口水，中間碰到紅燈時趕快把剩下的麵包大口塞入，再灌些水，解決了！我說：「你這樣不得胃病才是奇蹟呢！為何不提早 20 分鐘起床，好好吃頓營養均衡的早餐？」

囫圇吞棗是很多現代人飲食的不良習性，表面上似乎在節省時間以做更多事，然而，卻是嚴重的損耗自己的健康。餐食的目的不是只有「吃」「飽」，它是開心的品味過程及身心健康的收穫。

品嘗食物最大的「風味」來源，來自食物散發出來的香氣，這些揮發氣味，唯有透過細細咀嚼由舌頭與口腔嗅覺去體驗，此刻感官的樂趣

最為精純，達到極致，嚥下食物那一刻，也是極度滿足的當下；持續再細嚼、呼吸，再細嚼、再呼吸，慢慢吞嚥，這良性循環，使人陶醉在美味的感官世界之中，食物選擇正確、健康，再加上細品精嘗，全身、全心歡喜，這絕對是最精要健全的餐食養成。

④專心一意

心無旁鶩，專心做好每件事，才能做到最好；用餐也是如此，想要細膩的品味食物，享受美好的感覺，你必須放掉其他，使之成為那段時間的「唯一」。

如果你獨自在家用餐，很多人為了「多元運用時間」，可能開啟電視看節目，開啟電腦網路看資料，或聽廣播電臺的節目，無論如何，這些都會讓你減低或失去對食物的注意力，或因觀賞內容和食物不協調而使你食欲盡失，一項研究也顯示一面聽廣播節目的人通常吃得較多，因為分心造成。

如果與他人一起進餐，那麼專注好好享受食物，不玩手機，偶爾與同伴聊聊或討論美食都是很好的；倘若在家與家人聚餐，更要嚴守不看電視，不聽節目，不滑手機的「家規」，專心品嘗美食，親子交流，否則，大人示範了壞習慣，小孩可是理所當然也如法炮製了。

在餐食中放著輕柔的音樂。增加用餐的氣氛，反而有助品味時的「聽覺」享受，卻是值得鼓勵的。

⑤口腔衛生好習慣

如果場合、時間許可，吃過東西盡量在三分鐘之內刷牙，因為三分鐘之後細菌開始繁殖，如果無法刷牙，至少以清水漱口幾次，最好隨身攜帶小牙刷及牙線，晚上睡前刷牙，使用牙線之後，若能用牙間刷徹底清潔是最好的保健；隨時維持口腔內的清潔，避免孳生細菌，除了自己

舒服，口氣清新之外，也可保有純淨的口、齒，辨別，享用美食的敏銳度必然提昇。

⑥學習專業的清除餘味

根據知覺的適應程度研究，每添增一種味道，我們的知覺就會鈍化一點，味覺與嗅覺都一樣，試想你走進一間有很強硫礦味的房間，而你必須停留一陣子，開始時強烈刺鼻味，慢慢的，大腦開始適應這樣的嗅覺訊息，你就不覺得像一開始的強烈了，甚至於慢慢不察覺異味，除非你離開房間，等嗅覺清新之後再回來，又會重新嗅出刺鼻味道。

味覺也是一樣的道理，清除餘味的目的是讓味覺保持清新，以免太多的感官刺激使其封閉。在品酒比賽或美食賽中，評審需要評數十種酒類或菜肴，他們的味覺也會鈍化，所以，每次一種，一道品嘗，立即清除餘味，是非常重要的。

試食專家通常用過濾水搭配無鹽蘇打餅乾。或者氣泡水配蘇打餅乾，更能去除食物中的脂肪，如此，則能清新味覺，準備接受下一道食物。

雖然我們平常用餐不需要像專家一樣，但我仍然建議備一杯清水或氣泡水，吃完一道菜之後，喝兩口水清一下口腔，再品嘗下一道菜，尤其氣味強烈的菜肴，更應如此，否則，就委屈了下一道美食，你也嘗不出真正美味之處了。

⑦品味食物由家庭開始

此刻，我想起我的父親，他是美食愛好者，又慷慨大方，總是給妻兒最好的照顧，家中源源不斷的珍貴食材都是他帶回來的，父親也是我吃西餐的啟蒙老師，我的「品味」教育就是從家裡出發的。

對於餐食的場合及內容都要予以尊重，如果教導孩子必須背脊挺直，一口一口細嚼慢嚥，不可看電視、玩手機、打電玩，吃飯就要專心；好

習慣養成，對於他們日後的健康及社交，都有正面的影響。

　　教導孩子食物之美，品味的樂趣，最好的時間，就是用餐時，可以談談今天的食物是什麼，來自何處，如何烹調的，教導孩子分辨嗅覺、味覺，逐步讓他們品嘗東西，認知、辨識五味，鼓勵他們嘗試不同的味道。

　　孩子稍長時，可引導他們認識不同的香料、食材，攤開在桌上，讓他們試味道，記名字，吸引其對食物的探索，帶他們上餐廳時，不要只允許他們點兒童餐，要以對待大人的方式讓他們試著點菜，然後與他一起吃，一面解說，由家庭到餐廳，品味之旅對孩子而言，是非常有趣的教育。

⑧學習辨別五味

　　中國人常以「五味雜陳」來形容複雜的心境，其由來就是食物的五種基本味道——甜、鹹、酸、苦、鮮，食物的味道不會只是單獨的存在，必須與其他味道混合著，學習分析品出單純的原味，會讓我們更具備敏銳的感官。

　　品酒師品酒時，會從色澤、香氣，進而啜飲，甚至發出聲音，然後寫下品出之內涵，前味、中味、後味等等，我們也可學習品酒師的方法，試著先感受酒中的味道，例如黑櫻桃、覆盆子、熏木、桃子、楊桃……等等，然後對照專業人士的記錄，看看自己品出多少味道。

　　食物方面可由單一食物練習，例如：大粒紅葡萄乾一粒、櫻桃番茄一粒等，我曾在上品味課時，讓學生每人手持一粒大葡萄乾，光以舌尖舔，沒什麼味道，然後放入口中，細嚼，要很慢、很柔、很專注、很有耐心，直到整個葡萄乾成糜，慢慢吞下，前後至少三分鐘，真正的味道整個在口中爆發，酸、甜、一滴滴鹹，強度，都顯出來了，番茄的味道更是是所有蔬果中最多元的，堪稱最棒的訓練工具。

⑨學習欣賞食物

　　學習餐飲過程的感官之旅，如同心靈饗宴一般，令人心曠神怡。我建議你由早餐開始訓練，選一個輕鬆優閒的周末，或度假時在湖邊，只專注於你的早餐，不可一心數用，在吃之前，先花 30 秒細細觀賞，燕麥、脆片、堅果的顏色，是棕色，含黃、象牙色？它們的形狀，烤吐司、可頌麵包烤得如何，果醬塗上之後呢？莓果、水果的顏色多麼彩麗，那兩個陽光蛋的金黃鮮嫩，當吃下第一口食物時，不慌不忙，細細咀嚼它的香氣、質感、口感、甜度、酸度，舌頭各區及綜合感覺如何？慢慢吞下一口美味的早餐，是否這感官之旅讓你心儀。

　　由每日的早餐品味，繼而以同樣方法在其他餐食上，你不只習慣、享受，也成為「品味」專家了，甚至可以帶領親友去分析，享受更棒的生活。

⑩勇於冒險，突破習慣模式

　　大部分的人在飲食方面常固守自己的文化、環境、經驗等形成的常規或習慣，只限制在某些類別的食物；除了宗教因素的禁忌之外，我建議大家打開心門，接納本、異鄉、異國不同的料理食物，勇於冒險，嘗試新奇的東西，當然，太奇怪的東西或對環境、地球、生物不友善的情況除外。

　　我們旅行一個國家都會嘗試當地的美食，也得到很多美妙的經驗，我居住的臺灣真是美食的天堂，世界各國的食物，餐廳都可以見到，更增長了臺灣人民開闊吸納各國美食的胸懷；如今西方國家除了世界三大菜系——中國、法國、土耳其之外，對於日本、泰國、越南、印尼等東南亞地區的美食也大肆歡迎，當你能細品各種不同國家，不同民族的食物之後，你品味的能力及幸福感隨之增長，一個充滿幸福感的人更具備包容力與慈悲心。

《起》洪啟嵩老師畫作

PART 2

心經食譜

心經釋譯：洪啟嵩書

心經食譜：洪纈嵩

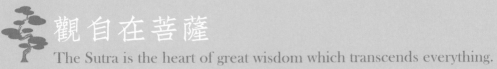

自在心

這紅白藜麥沙拉，色美味甘，讓人清心，
奇妙的是素蠔油與芝麻香油似圓舞曲在口
中旋轉。

食材:
白色藜麥 1 大匙
紅色藜麥 1 大匙
四季豆 4 根
玉米 ½ 根
白色鴻禧菇 ½ 包
咖啡色鴻禧菇 ½ 包

佐料:
醬油 1 大匙
橄欖油 1 大匙
素蠔油 2 小匙
砂糖或甜菊糖 2 小匙
芝麻香油 1 小匙

作法:

1. 將紅、白藜麥以煮白飯之方法入電鍋煮，此
   時加入半條玉米，一同煮熟。

2. 四季豆、鴻禧菇以煮開的水加入半匙鹽，入
   水燙 30 秒，取出瀝乾。

3. 玉米切片、四季豆斜切條。放射狀擺盤，加
   上藜麥。

4. 將佐料全部調勻淋上，加上裝飾食用花，淋
   幾滴香油及素蠔油即成。

行深般若波羅蜜多時

The freeness-of-vision Bodhisattva enlightens all and saw through the five skandhas which were empty.

三品行

此簡潔三品前菜，低溫烘乾小番茄，黑松露醬及小黃瓜卷，構成美妙三步曲，讓人回味無窮，想不出有更美妙的結合。

食材:

蘿蔓嫩葉 1 片
黑松露 1 小匙
吐司麵包 1 片
櫻桃小番茄乾 1 粒
紫地瓜 1 片（圓片）
小黃瓜 ½ 條

佐料:

奧利塔(Olitalia)巴薩米可黑松露陳醋 1 小匙

作法:

1. 取蘿蔓內葉嫩葉一片，上置一小匙 Olitalia 黑松露醬，滴上 3 滴黑松露陳醋。

2. 吐司麵包去邊略烤，切成大小三個方塊疊上。

3. 預先以 90℃ 低溫烘乾（或氣炸）1.5 小時的櫻桃小番茄取一粒放最上方，以牙籤固定。

4. 紫色地瓜蒸熟切一小圓片。

5. 小黃瓜刨成片狀捲起，放上紫地瓜片上。

6. 淋上 1 小匙黑松露陳醋即成。

照見五蘊皆空

While living the complete transcendental wisdom.

果真有心

水果沙拉重在保持原味清新，水蜜桃，剛好在此料理的營養素發揮加強作用，這是我的新創意，將它搭成淋醬，美麗又清新。

食材:

紅蘋果 1 個
青蘋果 1 個
西洋梨 1 個
香吉士 1 個
薄荷葉 10 片

佐料:

水蜜桃 1 個
原味豆乳優格 3 大匙
鹽 ½ 小匙
蜂蜜 1 小匙

佐料作法:

將水蜜桃去皮搗成泥，加入所有其他佐料調勻。

作法:

1. 將紅、青蘋果切約 0.5 公分薄片，置入冰水中，加入 ½ 小匙鹽，浸泡 3 分鐘取出。

2. 將蘋果片以模型打出中間空的心形。

3. 將香吉士外皮以鹽搓洗乾淨，切成約 0.5 公分圓片。

4. 將西洋梨去內核，切半，切成約 0.5 公分片狀，加入冰鹽水浸泡約 3 分鐘，薄荷葉洗淨備用。

5. 所有水果片取出瀝乾，層疊交錯色彩，擺出美麗盤型，上面裝飾薄荷葉。

6. 將佐料調和一大匙開水淋上。

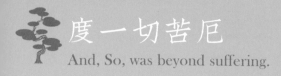

渡 船

簡單方便，隨手可取的食材，好玩的創意，這小帆船內可搭上任何喜歡的食材，口感色彩要多元，清純的味覺。

食材:

白吐司 6 片
蘿蔓嫩葉 3 片
素蝦 3 尾
櫻桃小蘿蔔 1 個
蘿蔔嬰 少許

佐料:

素起司粉 2 大匙
素美乃滋 3 小匙

作法:

1. 將每二片白吐司重疊，以擀麵棍擀成展開一薄片。

2. 將擀好的麵包片對摺成上大下小的口，中間尖端以水黏合緊密（或以竹籤固定），入烤箱或鍋寶氣炸鍋以 175℃ 氣炸 5 分鐘或烤 4 分鐘。

3. 將素蝦以 ½ 大匙油煎兩面，取出沾上素起司粉。

4. 將吐司船開大口方向置入蘿蔓葉、起司素蝦，及櫻桃蘿蔔片，最後加上素美奶滋，裝飾蘿蔔嬰即成。

白玉寶塔

清清淡淡卻美味交疊，層次分明，神來之筆，淋上蜂蜜，滿滿的濃情湧現。

食材:

大白玉豆乾 2 片
鳳梨切片 2 片
起司（無奶起司）2 片
小番茄 4 個
櫻桃蘿蔔 1 個
薄荷葉 3 片

佐料:

蜂蜜 2 小匙
鹽 1 小匙
白胡椒粉 1 小匙

作法:

1. 將白玉豆乾斜切成三角形，均勻抹上鹽及白胡椒粉，上下兩面皆抹。置入氣炸鍋，設定 175℃ 氣炸 6 分鐘，取出備用。

2. 起司片切對角，成三角形。

3. 小番茄切對半，留兩半最後放塔上，其餘切 0.5 公分薄片，鳳梨切 0.5 公分薄片備用。

4. 依序將白玉豆乾、番茄片、起司片、白玉豆乾、鳳梨、起司、白玉豆乾、番茄等由下往上層層斜置堆疊，最後以水晶籤或竹籤固定。

5. 櫻桃蘿蔔一半切片，一半留作裝飾。

6. 淋上蜂蜜，配上薄荷葉，即成。

色不異空

花園夢幻

將絕美的花園搬上餐桌，一直是我最傾心的事，要夠炫爛、繽紛，還得優雅迷人，每個人都可玩玩，這玫瑰酸甜醬讓花園仙子吟詩映花，美極了。

食材:

各種生菜：蘿蔓葉、火焰萵苣、綠卷葉萵苣、波士頓萵苣、茴香頭等等各約 4～5 片

巴西里香菜 3 株

食用花（香菫菜、夏菫、美女櫻、金魚草、繁星花、木槿花等等，依季節及可取得者選用）

玫瑰酸甜油醋醬
食材:

檸檬汁 ½ 個

玫瑰醋 1 大匙

初榨橄欖油 2 大匙

鹽 1 小匙

蜂蜜 2 小匙

作法:

1. 將蘿蔓葉撕成一口小塊，放入加入 ½ 小匙鹽的冰開水中浸泡 3 分鐘取出，其他生菜洗淨撕成一口大小，置入美盤中。

2. 將茴香頭切成 0.3 公分厚環片狀，圍邊。

3. 將各種顏色食用花一朵朵放上蔬菜沙拉，如同夢幻花園。

4. 將玫瑰酸甜油醋醬的所有食材拌勻，作為佐料淋上即完成。

空不異色

Emptiness is not different from substance.

青春永綠

這道 Evergeen 的青春沙拉，一定要用極深綠的蔬菜，不可燙黃，水中加鹽，一點油，速燙即取出極為重要，杏仁粒、白芝麻的清香，帶出融合的曲意。

食材:

羽衣甘藍 8 大片／約 250g
地瓜葉 1 大把／約 250g
杏仁（南杏） 1 大匙
白芝麻 2 小匙

佐料:

素蠔油 2 大匙
白芝麻油 2 小匙
鹽 1 小匙

作法:

1. 將水煮滾，加入 ½ 茶匙鹽，幾滴橄欖油。
2. 將羽衣甘藍撕成手掌大的小塊，地瓜葉取嫩葉，入沸水燙 30 秒，取出置盤上。
3. 將佐料混合均勻，淋上青菜。
4. 灑上杏仁粒、白芝麻。

色即是空

And substance is the same as emptiness;

百里白裡

最簡單清純的白色豆腐,藉著百里清香,舞動味蕾,醬料調配宜淡、宜雅、口齒猶有似無。

食材:

嫩豆腐 一盒
秋葵 1 根
素香鬆 1 大匙
百里香 1 小匙

佐料:

淡色醬油 1 大匙
素蠔油 1 大匙
香油 1 小匙
白芝麻醬 1 大匙

作法:

1. 將秋葵汆燙 1 分鐘,取出切環片。

2. 豆腐反扣盤中,周圍圍上秋葵片。

3. 將佐料調勻,加 1 大匙開水。

4. 將淋醬淋上豆腐,上加百里香葉。

5. 最後灑上素香鬆。

空即是色
Emptiness is the same as substance.

彩虹

大地色彩無窮，人人會變，多多大膽配置，趣味無窮，以不同的刀工變化，會有意想不到的效果，佐料之青蘋果帶出獨特的香與味。

食材:

黃甜椒 ½ 個
紅甜椒 ½ 個
蘿蔓 4 葉
綠紅卷鬚菜 4 葉
西洋芹 2 根
小黃瓜 1 根

佐料:

初榨橄欖油 2 大匙
鹽 1 小匙
黑胡椒粉 1 小匙
檸檬汁 2 小匙
青蘋果泥 ½ 個

作法:

1. 將黃、紅甜椒洗淨，切長條。西洋芹切 3 公分長條。

2. 其他各類生菜以清水加 ½ 小匙鹽洗淨取出，撕成小片，小黃瓜以鹽洗淨，刨成薄片。

3. 將佐料中的油、鹽、黑胡椒粉、檸檬汁調勻，加入青蘋果泥再調勻，若太稠可加入 1 小匙開水。

4. 擺盤重視色彩之調和，起落有致，堆疊隨興，每個人都可變出自己的特性，最後以小黃瓜片捲圓，做出變化，淋上醬汁。

受

Feeling,

黑白紅音

黑白木耳無味，搭上枸杞、紅棗的甜，與佐料些許鹹甜，渾然一味，有時選擇食器很重要，要顯出材料裡的清純滋味，非玻璃透明器皿莫屬。

食材：

黑木耳 2 大匙

白木耳 2 大匙

枸杞 1 大匙

紅棗 1 大匙

薄荷葉 少許

佐料：

淺色醬油 1 大匙

白芝麻油 1 大匙

素蠔油 2 小匙

鹽 1 小匙

糖 1 小匙

作法：

1. 若選用乾的黑白木耳，洗淨後至少泡冷水 1 小時，取出以滾水汆燙 1 分鐘（若為市面原型黑白木耳則直接汆燙即可），取出瀝乾

2. 紅棗、枸杞泡水約 5 分鐘，取出置入滾水燙 1 分鐘取出瀝乾。

3. 將所有佐料的調味品調勻。

4. 將燙好的食材置入透明碗中，中間放上紅棗、黑木耳，周邊顯出花型，淋上醬汁，灑上薄荷葉。

六根清淨

此宴客之沙拉，美麗氣派，維持食材之原味極為重要，而簡單的黃芥茉醬調和巴薩米克陳醋，足以調適食蔬之清香「淡而有味」之氣質。

食材:

黑木耳（可用小川耳較脆） 2 大匙

白木耳 2 大匙

西洋芹 2 根

蘿蔓 4 葉

彩色番茄 6 顆

火焰萵苣 4 葉

水蓮 6 根

黃金蟲草 約 15g（約 ¼ 株）

佐料:

素芥茉醬 2 大匙

巴薩米克陳醋 2 大匙

作法:

1. 將黑白木耳泡水 1 小時後取出，置入滾水氽燙 1 分鐘取出瀝乾，水蓮燙 10 秒即取出。

2. 西洋芹切 3 公分長粗絲狀，其他葉狀生菜撕小片，彩色番茄切半。

3. 將佐料中 2 種調味料調和，加入 1 大匙開水調勻。

4. 將不同色系生菜、黑白木耳、番茄、水蓮排成圓形，中間「站」上黃金蟲草，淋上佐料或沾食。

Note：若未取得黃金蟲草可以金針花或其他菇類代替；水蓮為季節性蔬菜，也可以其他綠色蔬菜取代。

行
willing,

羽衣飛

一般綠色葉狀蔬菜不會拿來烤，但長成深綠好大一片片的羽衣甘藍，除了營養特別豐富也兼具可烘烤成脆片的韌性，上了起司及白胡椒粉，一大盤馬上空空如野。

食材:

羽衣甘藍 約 500g
白芝麻 2 小匙
桂花乾 1 小匙
食用花 2 朵

佐料:

橄欖油 2 大匙
鹽 1 小匙
白胡椒粉 1 小匙
素帕馬森起司粉 1 大匙

作法:

1. 將羽衣甘藍洗淨瀝水，去除硬梗，只留葉片，撕成手掌大葉片，以紙巾吸乾水分。

2. 葉片噴上橄欖油，以氣炸鍋或烤箱 175°C 氣炸或烤 10 分鐘（若為大烤箱，注意別烤過熟或焦，可稍微減少 1 ～ 2 分鐘）。

3. 氣炸或烤完成取出裝盤，趁熱均勻灑上佐料——鹽、起司粉、白胡椒粉。

4. 最後灑上白芝麻及桂花乾，裝飾上食用花——美極了！

圓滿盒

這道義式素餃盒，以簡單的水餃皮及素料做成，很有趣的是，必須配上巴薩米可陳醋才對味，一般醬油勁道不夠呢！

食材:

水餃皮 10 片
素絞肉約 100g
蘑菇 2 個、
乾香菇 2 朵
薑泥 1 小匙
菠菜 10 葉
素乳酪（帕馬森）粉
約 50g

豆漿 1 大匙
迷迭香 3 根

佐料:

鹽 2 小匙
白芝麻油 2 小匙
白胡椒粉 1 小匙
黑胡椒粉 1 小匙
巴薩米可陳醋 1 大匙

餡料作法:

1. 將蘑菇切碎，乾香菇泡水濟乾水分，切細未，菠菜過滾水 10 秒取出，擠乾水分，切細未。

2. 將素絞肉加上所有食材拌勻，加入豆漿、薑泥，和鹽、白芝麻油、黑白胡椒粉，拌勻。

作法:

1. 取一片餃子皮，中間放上餡料，不要太滿，要留邊。蓋上另一片餃子皮，以西餐叉子壓邊成圓邊。繼續包，直到包完。

2. 鍋中加入 2 大匙橄欖油燒熱，加入圓餃煎一面成金黃色，翻面續煎，加入 3 大匙水，中火續煎至水分吸乾。

3. 取出圓餃裝盤，淋上巴薩米可陳醋，裝飾迷迭香。

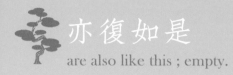

亦復如是

are also like this ; empty.

旋 舞

梅漬及烏醋漬可以運用到幾乎所有根莖類蔬菜，酸甜討喜又容易製作，其湯汁可以用來做沾醬，或者稀釋成飲品，真是令人心曠神怡。

食材:
甜菜根 ½ 個
小型南瓜 ¼ 個
白苦瓜 ½ 個
櫻桃小番茄 20 個
薄荷葉 4 葉

梅漬醃料:
話梅 6 個
梅汁 4 大匙
鹽 1 小匙
糖 2 大匙

烏醋漬醃料:
烏醋 3 大匙
鹽 1 小匙
糖 1 大匙

「梅漬小番茄、南瓜、苦瓜」作法:

1. 將小番茄去蒂，頂端切小十字刀，置入加 ½ 茶匙鹽的滾水中燙 1 分鐘取出，置入冰水中冰幾分鐘，取出去皮。

2. 將南瓜連皮，切極薄薄片（約 0.1 ~ 0.15 公分），置入冰水 10 分鐘。

3. 將苦瓜切極薄薄片（約 0.1 ~ 0.15 公分），置入冰水 10 分鐘。

4. 將梅漬醃料調勻，置入話梅。

5. 將去皮小番茄、南瓜、苦瓜片全部放入保鮮盒，加入梅漬醃料，蓋上蓋子上下搖勻，置入冰箱中，一小時即入味，亦可置至隔日風味更佳。放於冰箱冷藏可保鮮七天，汁液加水又是一道美味梅飲。

「烏醋漬甜菜根」作法:

1. 將甜菜根切極薄薄片（0.1 公分左右）愈薄愈理想。

2. 甜菜根片置入保鮮盒中，加入烏醋漬，蓋上蓋子搖勻，置入冰箱，一小時可食，然浸漬隔夜更好，可保持 1 星期，汁液加水成為可口的果汁。

作法:

1. 取出醃好甜菜根，於盤中疊擺成圓。周圍環放梅漬苦瓜。

2. 於苦瓜上疊放梅漬南瓜片，綴放梅漬小番茄，最後裝飾薄荷葉。

《承》洪啟嵩老師畫作

黃金之泉

以全食物法製作黃金南瓜湯,會有意想不到的甜潤,同時一定要淋上一匙南瓜籽油及南瓜籽,這是完美的結合,營養破表,對男性攝護腺具保護作用,對女性也是滋潤極品。

食材:

栗子南瓜 中型 2 個
原味豆漿 1.5 杯
南瓜籽 2 大匙

佐料:

鹽 1 小匙
南瓜籽油 2 大匙

作法:

1. 將一個中型南瓜連皮、籽切塊,放入電鍋蒸熟(全食物概念,南瓜皮、籽營養價值最高,千萬別丟掉),取出入高速果菜機或稱破壁機,加入豆漿打成南瓜泥,若要稀一點可再加入半杯開水。

2. 將南瓜泥煮至滾,立即熄火。

3. 另一個南瓜頭部平切 1/5 作為容器蓋子,下方挖出南瓜內部籽及組織(保留以後做另一碗湯),作為盛湯之碗。

4. 注入南瓜湯入盅中約 9 分滿,淋上南瓜籽油成花型,將南瓜籽排列於盅邊緣及旁側,加上食用花裝飾。

神韻

普洱茶膏溶入湯汁，出奇清甜，養胃去火，絕妙！

食材:

市售四神湯中藥包
（中藥行或大賣場有售）
1 包
核桃 10 粒
腰果 10 粒
心茶堂「茶膏」 一片

佐料:

鹽 1 小匙

作法:

1. 將四神湯料加入 4 杯水，以文火煮約 30 分鐘（或以電鍋外鍋 1 杯水燜煮至電鍋跳起按鈕）。

2. 加入核桃、腰果煮 5 分鐘。

3. 加入茶膏攪拌使其溶入湯汁中。如果沒有茶膏可泡普洱茶加入，使其入味。

混沌清心

清心之湯，溶入陳年普洱茶膏，頓時清甜不已，融合之氣與味，去膩解油舒暢不已。

食材:

千張 12 張
素高湯 4 杯
乾金針花 12 朵
芹菜 1 根

內餡食材:

素絞肉 150g
杏鮑菇 ½ 條
乾香菇 3 朵
蘑菇 3 朵
豆乾 2 片
紅蘿蔔 ⅓ 根
芹菜 2 枝

內餡佐料:

白胡椒粉 2 小匙
素蠔油 2 小匙
醬油 2 小匙
白芝麻油 2 小匙
糖 2 小匙
鹽 1 小匙

湯的佐料:

鹽 1 小匙
白胡椒粉 1 小匙
白芝麻油 1 小匙
心茶堂「茶膏」1 片

內餡作法:

1. 將乾香菇泡水 10 分鐘，擠乾水分切碎。

2. 紅蘿蔔、豆乾、杏鮑菇、蘑菇切碎，芹菜切小粒。

3. 所有切好的內餡食材，加入素絞肉，加入佐料調勻。

作法:

1. 取 1 張千張中央加入內餡，包起來，封口以太白粉水封合。

2. 將金針花泡水 5 分鐘，取出打結，芹菜切小粒。

3. 將素高湯煮滾，加入千張餛飩餃，煮滾後，再加入金針花、半杯水，再煮滾，灑上芹菜末、鹽、白胡椒粉。

4. 最後置入「茶膏」一片溶解於湯中，即完成。

雙菇圓滿

豆腐乳，增添丸子特別風味，絕配。同時榨菜末，增加口感，脆感，並凸顯勻稱之味道，讓味蕾大為滿足。

食材:

素雞絞肉 150g
茴香頭及葉 1/5 個
紅蘿蔔 ¼ 個
榨菜 2 片
蘑菇 8 粒
鮮香菇 4 朵
素高湯 5 杯
芹菜嫩葉 少許（裝飾用）

佐料:

玉米粉 2 大匙
豆腐乳 2 小匙
鹽 1 小匙
素蠔油 2 小匙
白胡椒粉 2 小匙
白芝麻油 2 小匙

素雞肉丸法:

1. 將茴香頭及葉切碎（可以芹菜或高麗菜代替）。

2. 紅蘿蔔洗淨、切碎。

3. 榨菜泡水 10 分鐘，擠乾水分，切碎。

4. 以上全部混合，加入素雞絞肉及所有佐料調勻，稍微攪打，試一下味道。

5. 取一個盤子，上置一些玉米粉。以手沾水，取丸子料，揉成小圓球，滾一點玉米粉，一個個將圓球完成。

6. 放入氣炸鍋不沾盤，以 175°C 氣炸 8 分鐘取出。

作法:

1. 將素高湯燒開，置入丸子再燒開。

2. 將蘑菇切半，香菇切小塊，加入湯中煮開。

3. 灑上鹽、白胡椒粉、芹菜嫩葉，裝飾一粒枸杞。

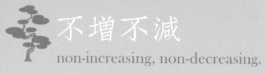

純「節」

燕麥奶使湯濃味醇，無奶素起司粉味較淡，剛好柔和融入，不搶主角丰采。南瓜籽油香氣提昇湯品之品級。

食材:
綠櫛瓜 3 條
燕麥奶 2 杯

佐料:
素起司粉 3 大匙
鹽 2 小匙
白胡椒粉 2 小匙
南瓜籽油 2 大匙

作法:

1. 將綠櫛瓜切小塊，入強力果汁機，加入燕麥奶打成濃湯。

2. 入鍋以中小火煮滾，加入起司粉、鹽、白胡椒粉拌勻，盛碗淋上南瓜籽油點入裝飾花。

如何自製燕麥奶?

食材:
速食大燕麥片 4 杯
開水 4 杯
鹽 1 小匙
糖 2 小匙。

作法:

1. 將所有食材入果汁機打碎成泥。

2. 將以上之燕麥奶以中小火煮滾即熄火。

3. 可分裝冷卻入冰箱。可保存 3 ~ 7 天。

是故空中無色
So in empitiness, there is no substance,

素淨

這道類臺灣小吃，加入白蘿蔔湯頭更甜，與大白菜互別苗頭，佐料之靈魂為烏醋而且要多量。

食材:

素絞肉 150g
大白菜 6 葉
白蘿蔔 ¼ 條
紅蘿蔔 ¼ 條
鮮香菇 5 朵
鮮筍 ¼ 條
素高湯 4 杯
玉米粉（或太白粉）2 大匙

素肉條佐料:

鹽 1 小匙
醬油 1 大匙
素蠔油 2 小匙
白胡椒粉 2 小匙
太白粉 2 大匙

湯的佐料:

烏醋 2 大匙
芝麻油 2 小匙
鹽 2 小匙

作法:

1. 將素絞肉與所有佐料混合均勻，加入太白粉，稍摔打，做成較長橄欖形肉條備用。

2. 將大白菜、白蘿蔔、紅蘿蔔、鮮香菇等皆切細條，鮮筍煮熟切細條備用。

3. 將素高湯加入除香菇外所有蔬菜同煮，大滾後續加入肉羹條（一條條置入），香菇等煮滾。

4. 玉米粉加入冷水攪拌。

5. 在鍋子邊緣緩緩倒入玉米粉水，攪動一下，即可熄火，加入鹽。

6. 盛入碗中，灑上白胡椒粉、白芝麻油、烏醋，裝飾葉等。

獅頭意

獅子頭加入蔭瓜，特別甘甜，風味獨具；加入吐司可免肉柴，保持鮮嫩。高麗菜加大白菜二種鮮甜，互相輝映。

食材:

素絞肉 150g
中型杏鮑菇 1 條
鮮香菇 3 朵
白吐司 1 片
大白菜葉 10 葉
高麗菜葉 5 葉
紅蘿蔔 ¼ 條
蔭瓜 1 ~ 2 片（約 2 小匙的分量）
素高湯（或水） 4 杯

佐料:

醬油 1 大匙
素蠔油 1 大匙
鹽 1 小匙
糖 1 小匙
白胡椒粉 1 小匙
白芝麻油 3 小匙
太白粉 2 大匙

獅子頭作法:

1. 將杏鮑菇、香菇、紅蘿蔔切成細丁，蔭瓜切末，加入素絞肉，一起順時鐘方向攪動均勻。

2. 白吐司泡水沾濕，加入絞肉團，其他佐料全部加入一起攪勻。

3. 手掌沾水，將以上材料揉成 3 ~ 4 個大圓球，沾點太白粉，備用。

4. 將圓獅子頭入鍋，加入 1 大匙油，煎一下定型，或放入氣炸鍋 180℃ 炸 10 分鐘。

作法:

1. 將素高湯或水，加入高麗菜（手撕葉片）和獅子頭，以中小火燉煮約 30 分鐘。

2. 大白菜洗切條，加入湯鍋中續煮 30 分鐘。

tip：燉煮時可用小砂鍋或一般小鍋，切記，高麗菜可長煮，大白菜不可久煮，煮出甜味即可。

3. 起鍋，加入 1 茶匙鹽即成。

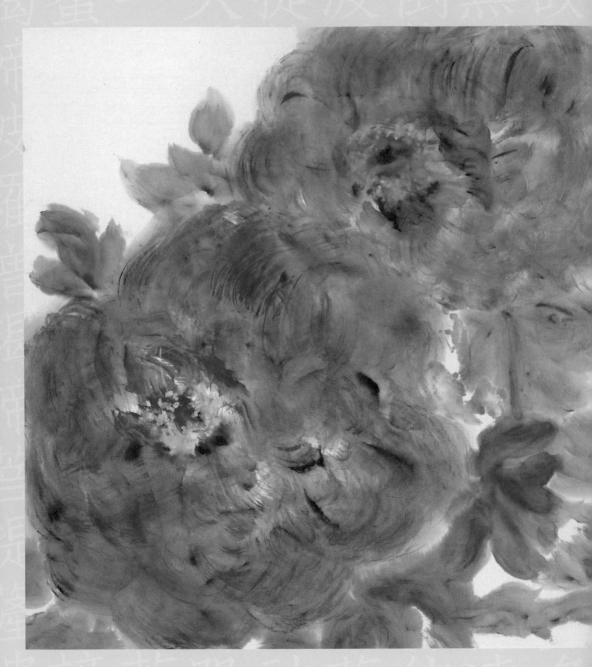

《轉》洪啟嵩老師畫作

目木心思

黑松露本身香味獨具，與二種菇搭配，互為表裡，松子則為松露畫龍點睛，不只外相，內質亦襯其華貴，最後的松露油則為神來之筆。

食材：

米飯（煮熟，冰涼）2 杯
素絞肉 100g
蘑菇 5 粒
鮮香菇 2 朵
豆乾 4 片
黑葉白菜（或茴香頭）4 葉
黑松露片 8 片
松子 1 大匙
紅蘿蔔 ¼ 條
甜羅勒葉 2 小株

佐料：

初榨橄欖油 1 大匙
黑松露醬 2 大匙
松露油 2 小匙
鹽 2 小匙

作法：

1. 將紅蘿蔔、蘑菇、香菇切細小丁塊，黑葉白菜切細。

2. 鍋中入 2 大匙油，將蘑菇、香菇炒香。

3. 加入紅蘿蔔、豆乾、素絞肉續炒

4. 再加入米飯，炒至粒粒分明。

5. 加入 1.5 大匙黑松露醬炒勻，再加上黑葉白菜翻一下即關火。

6. 取一大碗公，底部鋪黑松露片成圓形花，上加炒飯略壓緊直至碗面裝滿，取一個口大於碗的大盤，反扣出炒飯，炒飯上方圓形松露花中央，加上 ½ 大匙黑松露醬，灑上松子，再淋上松露油，旁飾甜羅勒即成。

行
willing,

始於足下

各種色彩的根狀蔬菜最接地氣，加上長在陽光下的菜類各具風味，保留其自然底氣，簡單的烹調最重要。

食材:

原味素雞塊 6 塊
紫色地瓜 3 片（約 0.5cm 厚）
金黃色地瓜 3 片（約 0.5cm 厚）
南瓜 4 片（約 0.5cm 厚）
甜菜根 4 片（約 0.5cm 厚）
杏鮑菇 1 株（約 0.3cm 厚）
鮮香菇 4 朵
玉米筍 2 根

佐料:

鹽 1 大匙
橄欖油 2 大匙
白胡椒粉 2 小匙
黑胡椒粉 2 小匙

沾醬佐料:

巴薩米可醋 2 大匙
檸檬汁 1 小匙

作法:

1. 將杏鮑菇切成約 0.3 公分厚之厚片狀，玉米筍切對半，備用。

2. 鍋中入橄欖油 1 大匙，將素雞塊兩面煎成稍黃。

3. 將所有切片、條狀蔬菜及香菇等噴一層橄欖油，灑上些許鹽、黑白胡椒粉，放上不沾氣炸烤盤，以 175℃ 氣炸 10 分鐘，再轉 180℃ 氣炸 4 分鐘取出裝盤。

4. 最上方將素雞塊切半疊上去，上插一枝迷迭香。

5. 將巴薩米可陳醋與檸檬汁調勻，成為醬汁，可沾食。巴薩米可陳醋與檸檬汁，與素雞塊是絕配，更讓根莖蔬菜味道優雅，不可不試。

本色

麵糊中一定要加一點油，炸出來才會酥，先沾地瓜粉，再沾麵糊使其兼具咔嚓咔嚓的酥脆口感。胡椒鹽再加起司粉是獨到的沾料，太搭此茄餅了。

食材:

紫色圓茄 2 個

無奶 Mozerella cheese
莫札瑞拉起司片 200g

起司粉 2 大匙

地瓜粉 2 大匙

玄米油 250ml

麵糊食材:

中筋麵粉 1 杯

鹽 1 小匙

糖 2 小匙

玄米油 1 小匙

水 3 大匙

起司鹽佐料:

胡椒鹽 3 小匙

起司粉 3 小匙

作法:

1. 將圓茄去頭尾，橫切約 0.5 公分厚片。

2. 將茄子圓片兩面各灑上一點鹽，靜置 10 分鐘，待其脫水後，以紙巾擦乾。

3. 莫札瑞拉起司切約 0.3 公分厚之片狀。

4. 將麵糊之所有材料混合均勻，加入 1 小匙油混合。

5. 起油鍋，倒入玄米油，加熱至約 180℃。

6. 將兩片茄子中間夾起司片，做成茄子三明治，沾地瓜粉後，再沾滾麵糊，入鍋炸至兩面金黃，取出放在吸油紙上。

7. 擺盤灑上起司粉，其中一片切片露出美麗內餡，裝飾食用葉、花。旁置胡椒起司鹽供沾食。

無眼

There are no eyes,

明

綜合素雞排的柔與豆皮的脆,百里香的清,酸菜、花生粉臺味的親和,融入照燒醬,整體的契合再好不過了。

食材:
(2個刈包的分量)

素雞肉泥 200g
百里香 2 小匙
豆皮 2 片
炒熟的酸菜 3 大匙
花生粉 3 大匙
紅甜椒 ½ 個(切長條)
素照燒醬 3 大匙
市售刈包 2 個

雞肉排醃料:

白胡椒粉 2 小匙
鹽 2 小匙

豆皮醃料:

素蠔油 1 大匙
醬油 1 大匙
鹽 1 小匙
糖 2 小匙

作法:

1. 市售的刈包蒸熟軟。

2. 將素雞肉泥混合百里香、白胡椒粉、鹽,醃 15 分鐘。

3. 以一大匙油將壓成片的雞肉泥(每片約 50g 左右)兩面煎黃。

4. 將每個豆皮展開切成 3 薄片,醃料全部調勻後淋在豆皮上,浸泡 30 分鐘,取出。

5. 少油將豆皮兩面煎脆備用。

6. 取一個刈包中間加入一片素雞肉排、一片豆皮,加上一匙花生粉、酸菜,裝飾甜紅椒條,淋上一小匙照燒醬即成。

清

酪梨與芥茉是絕配，只要加點醬油，即為最天然之人間美味。

食材:

熟酪梨 2 個
素蝦 6 條
無奶起司粉 2 大匙
生菜 少許

佐料:

綠芥茉醬 1 大匙
淡色醬油 2 大匙

作法:

1. 將二個酪梨由中央對半切開。其中一個去籽，當作容器；另一個，一半切長條，另一半切方塊（約 1.5 公分）。

2. 素蝦沾滿起司粉，起油鍋加一大匙橄欖油，將素蝦兩面煎黃取出。

3. 生菜鋪底，將兩半酪梨擺盤，容器中間置入小方塊酪梨，旁邊飾以長條狀，再放上素蝦，灑上起司粉即成。

4. 將佐料調勻，可淋上或置於一旁供沾食。

香

孜然只加 1 小匙，旋即魅力無窮！我曾經應邀在土耳其首都安卡拉訪問時，吃到此菜，永難忘懷，複刻此版，有過之，請不喜孜然者放棄成見，你只會滿心欣喜。香啊！

食材：

大鮮香菇（最好有半個巴掌大）6 朵

素絞肉 150g

茴香頭（或西洋芹）¼ 個

紅蘿蔔 ¼ 根

蘑菇 6 個

蘿蔓葉 數片

橄欖油 2 大匙

佐料：

Mozerella cheese 莫札瑞拉起司 150g

黑胡椒粉 2 小匙

白胡椒粉 2 小匙

鹽 1.5 小匙

素蠔油 2 小匙

糖 1 小匙

孜然粉 1 小匙

茴香粉 1 小匙

（以上香料亦可依個人喜好添加不同者，或不加皆可。）

作法：

1. 將大鮮菇稍微刷擦一下（菇類千萬不可洗滌否則風味全失），去蒂，內外都噴上或刷上一些橄欖油。

2. 將茴香頭、紅蘿蔔切細末，蘑菇切細塊，加入素絞肉，與黑白胡椒粉、鹽、糖、孜然、茴香粉，全部拌勻成為餡料。

3. 將每個大香菇填滿餡料 8 分滿，再上莫扎瑞拉起司填滿，壓一下，再噴點橄欖油。

4. 烤箱 170°C 預熱 5 分鐘，將香菇置入烤 10 分鐘，調到 180°C 再烤 5 分鐘即可取出。

5. 以蘿蔓葉墊底擺盤，裝飾食用花即成。

舌
Tongue,

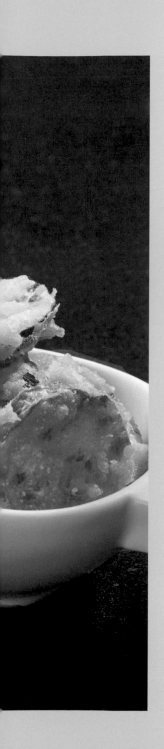

味

櫛瓜花及櫛瓜具獨特清味及口感,炸酥脆之後,搭配黃芥茉醬,令人銷魂。以往在歐洲唾手可得的蔬菜,現在臺灣中南部好多家有機農場皆有販售,櫛瓜更易在超市取得。

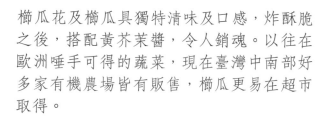

食材:
櫛瓜花(公花)10 朵
綠櫛瓜 1 條
黃櫛瓜 1 條
甜蘿勒 1 小株
地瓜粉 3 大匙

麵糊食材:
中筋麵粉 1 杯
鹽 1 小匙
糖 1 小匙
蔬菜調味粉 1 小匙
橄欖油 1 大匙
水 3 大匙

佐料:
黃芥茉醬 少許

作法:

1. 將櫛瓜花漂洗一下,擦乾水分

2. 黃、綠櫛瓜皆切 0.5 公分左右薄片。

3. 將櫛瓜花沾地瓜粉,再沾麵糊,櫛瓜片亦同。

4. 起油鍋,加入葵花籽油,加熱至約180°溫度,逐一先放入櫛瓜花和櫛瓜片,一一炸好,炸至金黃色撈起置吸油紙上。

5. 分別擺盤,裝飾甜羅勒。

6. 以黃芥茉醬沾食。

滿

醬料隨個人喜好，也可加素美奶滋或番茄醬；但食物講究風味平衡，能顯出風采不搶風頭，素漢堡排與無奶素起司，搭上芥茉籽醬，將漢堡排之層次更加提昇，包準你會愛上。

食材:

漢堡麵包 1 個
素漢堡排 1 片
起司 2 片
大番茄 1 片
紅綠橡木萵苣 4 片
蘿蔔嬰 約 3～5 株
蘿蔓嫩葉 1 片

黃櫛瓜 2 片
綠櫛瓜 2 片
小番茄 2 個
小黃瓜 ½ 條

佐料:

黃芥茉籽醬 2 小匙
鹽 1 小匙
黑胡椒粉 1 小匙

作法:

1. 將漢堡麵包以 170℃ 微烤 3 分鐘。

2. 將素漢堡排不加油乾煎，在煎盤上加熱至兩面煎黃（或以氣炸鍋 175℃ 氣炸 10 分鐘）取出備用。

3. 將紅綠橡木萵苣洗淨、瀝乾，鋪陳漢堡包底部，上加 1 小匙芥茉籽醬，再依序加上漢堡排、2 片起司、1 片黃櫛瓜、番茄片，最後加上黃芥茉籽醬及蘿蔔嬰；灑上 1 點鹽及現磨黑胡椒粉。

4. 將小黃瓜刨或薄片捲起，放在黃櫛瓜上；小番茄切半，置於綠櫛瓜上，旁置蘿蔓嫩葉呈三角形，作為裝飾。

意

or awareness.

足

用 2 片水餃皮擀薄最為方便經濟，每個人都可施展工夫，成就感十足。此道料理不用沾料就風味十足，也可仿小龍包吃法沾烏醋加嫩薑絲，一起食用，風味更佳。

食材:
（6個的分量）

水餃皮 12 張
素絞肉 150g
鮮香菇 4 朵
紅蘿蔔 ¼ 條
熟筍 ½ 條（或荸薺 5 個）
茴香根 ¼ 個（或西洋芹連葉子 4 根）
小豆乾 4 片

佐料:

鹽 2 小匙
醬油 2 小匙
白胡椒粉 2 小匙
白芝麻油 2 小匙
素蠔油 1 小匙
五香粉 1 小匙
太白粉 1 大匙

作法:

1. 將 2 片水餃皮重疊，以擀麵棍或圓玻璃瓶擀成二倍大的薄片。

2. 水蓮以滾水汆燙 5 秒，取出備用。

3. 「十足福袋」餡料：將素絞肉加入所有切碎丁的配料及佐料拌勻。

4. 將福袋皮中央放上餡料（約 ⅓ 面積），不要太多太滿。

5. 將福袋順時鐘（或反時鐘）同一方向一褶一摺，邊摺邊轉，直到 1 圈，由上方 處壓緊收邊。

6. 取燙過的水蓮作綁繩，紮緊，打成美麗蝴蝶結。

7. 蒸籠或電鍋上置蒸籠或烘焙紙，水燒開後，置上福袋，蓋鍋蓋，以中小火蒸 12 分鐘即成。

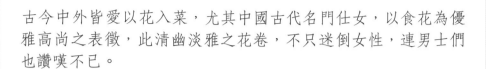

淡

古今中外皆愛以花入菜，尤其中國古代名門仕女，以食花為優雅高尚之表徵，此清幽淡雅之花卷，不只迷倒女性，連男士們也讚嘆不已。

食材:
(6 卷的分量)

越南春卷皮 6 片
黃櫛瓜 ½ 條
綠櫛瓜 ½ 條
紅蘿蔔 ½ 條
小豆苗 2 大匙
苜蓿芽 2 大匙

食用花:

美女櫻、繁星花、香堇菜、金魚草、金蓮葉等，每卷用 3 ~ 4 種繽紛色彩。

佐料:

素美奶滋 3 大匙
鹽 2 小匙
花生粉（原味或加一點糖粉，隨意）2 大匙
花生 2 大匙

作法:

1. 將所有食用花洗淨吸乾水分，櫛瓜、紅蘿蔔等切細絲，與其他蔬菜吸乾水分備用。

2. 花生去皮，置入一密封塑膠袋中，以擀麵棍敲打成花生碎，不要太細。

3. 將越南春卷皮浸一下開水使其濕潤，取出平放於砧板上。

4. 越南春卷皮攤開成圓形，在靠近自己的 ¼ 處開始，平放不同色彩的食用花，注意花心花瓣方向向下，捲起來時才會成為正面。

5. 將各種蔬菜適量平鋪於花上，至 ½ 處，不要鋪太滿。

6. 灑一點點鹽，加上美奶滋，灑上花生粉及花生粒。

TIPS：花生粉之外一定要再加上花生粒，與內餡蔬菜絲兩相輝映，吃出質味俱佳之口感與美感。

7. 由面前之處向前捲蓋過餡料，左右兩邊向摺入，再繼續捲到末端黏合（因為餅皮有點濕度黏性，會直接黏起來）。

8. 擺盤再撒上花生粒，裝飾薄荷葉即成。

聲
soumd,

悅

喜悅之食，來自各式繽紛蔬菜，結合海苔之鮮味與脆酥豆皮，在口中飛舞。

食材:

原味豆皮（未炸過）3 片
四季豆 6 根
紅蘿蔔 ½ 條
金針菇 ¼ 包
紅甜椒 ½ 個
黃甜椒 ½ 個
金蓮葉 3 葉（可以其他綠葉蔬菜取代）

佐料:

鹽 2 小匙
白胡椒粉 2 小匙
素海苔醬 3 小匙
杜蘭小麥粉（或玉米粉、地瓜粉） 2 大匙
太白粉 1 大匙

作法:

1. 將紅蘿蔔切約 8 公分 ×0.5 公分長條。四季豆去頭尾、金針菇去尾。

2. 將以上三者入滾水燙 2 分鐘取出瀝乾

3. 紅、黃甜椒洗淨去籽、瀝乾，切 0.5 公分之長條。

4. 將豆皮擦乾水分，展開成長條狀，在內側抹上一點鹽及白胡椒粉，稍靜置 2 分鐘。

5. 將所有蔬菜分別取適量，以直式放到豆皮 ⅓ ~ ½ 處，上加海苔醬。

6. 豆皮由右向左捲起，一面稍微壓緊再捲至末端，以太白粉水黏合。

7. 將捲好的豆皮沾滿杜蘭小麥粉，再將餘粉拍除。

8. 將煎鍋加入 2 大匙橄欖油燒熱，加入豆皮捲全圍煎脆呈金黃色。

9. 取出稍涼，每卷切對半，擺盤立起，裝飾金蓮葉。

香
Smell,

聞

此豆腐球加入白味噌，風味獨具，與其他蔬菜細末融合成絕妙口感。搭配橘醬，酸甜適中，轉換味蕾之妙計。

食材:
板豆腐 2 塊
鮮香菇 5 朵
中型杏鮑菇 1 條
紅蘿蔔 ½ 條
荸薺 6 個
麵包粉 4 大匙

橘醬食材:
香吉士 3 個
檸檬 ¼ 個
冰糖 2 小匙
鹽 ½ 小匙

佐料:
白味噌 4 小匙
鹽 2 小匙
糖 2 小匙
白胡椒粉 2 小匙
玉米粉 2 大匙

作法:

1. 將板豆腐以重物壓 1 小時，使其出水，豆腐壓碎成豆腐泥，繼續以雙手掌擠出水分，愈乾愈好。

2. 將所有其他蔬菜食材切成極細丁。

3. 將豆腐泥加入所有蔬菜丁，加入佐料調拌均勻。

4. 以手掌及湯匙沾水，將 3 做成一個個圓球狀（大小隨意，最好每個約 ¼ 巴掌大），均勻沾滾麵包粉，靜置 10 分鐘。

5. 在所有豆腐球上噴一層橄欖油。

6. 入氣炸鍋以 180℃ 炸 8 分鐘，再接著以 190℃ 炸 5 分鐘。

醬料作法:

1. 將香吉士外皮以鹽充分洗淨，刮出半個皮絲。

2. 香吉士榨汁，入鍋中燒開，立即加入冰糖，及 ¼ 個檸檬汁熄火，取出放上香吉士片及皮絲。

蝶舞

紅醬義大利麵必須具備大、小新鮮紅番茄，及義大利去皮整粒番茄罐頭，整體風味才會突出，因義大利番茄顏色深紅，所以麵才會鮮豔美麗。特別加入豆腐乳及起司粉是中西合璧的獨方美味，整個料理活蹦起來了。

食材:

貝殼麵 100g
筆管麵 100g
大番茄 1 個
小番茄 10 個
蘑菇 8 個
素絞肉 100g
板豆腐 ½ 塊
巴西里 1 大匙

佐料:

豆腐乳 1 大匙
起司粉 2 大匙
整粒番茄糊 ½ 罐

作法:

1. 大番茄洗淨切塊，小番茄洗淨切半。板豆腐壓重物去水分，攪成泥。

2. 將兩種麵入加了一匙鹽的滾水中煮至麵管留一點點白。撈出瀝乾，立即淋上 1 大匙橄欖油拌勻。

3. 煮麵的同時，平底鍋加入 2 大匙橄欖油燒熱，加入素絞肉，切小塊之大小番茄、蘑菇翻炒。

4. 加入板豆腐泥、半罐番茄糊續煮，慢慢拌勻後，加入豆腐乳，炒勻。

5. 倒入兩種煮好的麵，以中小火煮至湯汁將乾、麵已吸滿汁液，起鍋，灑上起司粉及巴西里碎末。

觸

feeling of touching,

136

線心

純粹臺灣味，代表長壽的麵線、薑片，微辣的口感，用黑麻油完美結合，加上清甜高麗菜絲，柔和與溫暖交織，正餐與午茶皆宜。

食材:

麵線（傳統）半把約 200g
或市售盒裝麵線 2 束
（前者含一點鹹味，後者未加鹽。）
高麗菜葉 6 片
老薑 6 片
中或低筋麵粉 2 大匙

佐料:

黑麻油 3 大匙
鹽 1 小匙
（若為無鹽麵線可多加 1 小匙）
白胡椒粉 2 小匙
糖 1 小匙

作法:

1. 將高麗菜切成細絲，加入鹽、糖、白胡椒粉、麵粉等入一大匙水拌勻。

2. 麵線入滾水燙 7 分熟撈出瀝乾水分，隨即加入 ½ 大匙黑麻油拌勻備用。

3. 鍋中入 2 大匙黑麻油燒熱，加入薑片，煎至有點焦黃取出。

4. 將高麗菜入平底鍋（最好選擇 8 吋～ 10 吋小型較深口鍋），煎出香味，翻面，隨即將麵線連同薑片蓋上去，稍微用力壓，使其與高麗菜黏合。煎好 5 分鐘，看邊緣微焦即可。

5. 取一大於鍋圓之大盤，將麵線煎反扣其上，再溜入鍋中續煎，此時周邊淋上剩下 ½ 大匙麻油。

6. 待四周略焦黃，搖動鍋子，略為翻看，定型即可起鍋裝盤。

7. 飾以綠葉，美花。

法
or thought.

勻

純素的白醬義大利麵，以燕麥奶及二種起司，帶出各種菇類風味，素雅清新，勻稱入心。

食材: | **佐料:**

義大利直麵 200g　　燕麥奶　½ 杯
蘑菇 10 粒　　　　　素起司粉 2 大匙
杏鮑菇 1 條　　　　　莫札瑞拉起司 2 大匙
鴻禧菇 1 包　　　　　黑胡椒粉 1 小匙
黃金蟲草 4g　　　　　白胡椒粉 1 小匙
羅勒葉 少許　　　　　鹽 1 小匙
　　　　　　　　　　素高湯粉 2 小匙

作法:

1. 將直麵加入滾水（水中加 ½ 小匙鹽）中燙熟，取出瀝乾，加入 1 大匙橄欖油拌勻。

2. 將蘑菇、杏鮑菇、半包鴻禧菇切成細碎顆粒狀，鍋中加 2 大匙橄欖油炒香。

3. 再加入燕麥奶，兩種起司及所有佐料，然後加入 2 大匙麵水煮至濃稠。

4. 加入另半包鴻喜菇炒一下，隨即加入直麵拌勻，小火燒一下讓麵吸足醬汁。

5. 起鍋裝盤，再灑上 1 大匙起司粉及淋上 2 小匙橄欖油加上黃金蟲草，裝飾羅勒葉。

無眼界

There is no realm for the sense of eyes or other senses,

華無

萬歲豆腐以蔭瓜、黑豆豉、薑泥融合茶膏，
成就獨特風味，雖樸實卻風華無限。

食材:

嫩豆腐 1 盒
百頁豆腐 2 塊
辣椒 2 根
粗杏鮑菇 2 條
乾香菇 4 朵
無籽黑橄欖 5 顆

佐料:

黑豆豉 2 小匙
蔭瓜 2 小匙
薑泥 3 小匙
心茶堂「茶膏」 1 顆
鹽 1 小匙
香菇素蠔油 2 小匙
白芝麻油 2 小匙

作法:

1. 將杏鮑菇取中段切約 3 公分厚之圓柱，一面切成格紋狀（注意深度只切一半，別切斷）。

2. 乾香菇泡發，去梗，圓傘劃十字。香菇水備用。

3. 百頁豆腐切約 1 公分片，2 顆黑橄欖切小圓片。

4. 平底鍋加 2 大匙橄欖油，放入杏鮑菇、百頁豆腐，兩面煎焦黃。

5. 取一大深盤，中央扣入嫩豆腐，上置杏鮑菇，周圍分別放上百頁豆腐、香菇、黑橄欖等。

6. 香菇水與薑泥、豆豉、蔭瓜泥、蔭瓜汁全部調和，淋上豆腐。

7. 蒸鍋將水煮開，置入「萬歲豆腐」盤，蓋鍋中小火蒸約 15 分鐘（或用電鍋蒸）。

8. 起鍋，淋上白芝麻油，灑上紅辣椒粒即成。

乃至無意識界
nor even a realm for awareness.

空明

咖哩球香料宜多種，加入薑黃、孜然讓咖哩味道更厚實多元，香氣也十分迷人，源自印度菜的馬鈴薯咖哩球，營養豐富，也是防疫聖品。

食材：

中型馬鈴薯 2 個
迷迭香 適量
紅辣椒 1 根
中筋麵粉 3 大匙
麵包粉 3 大匙

佐料：

咖哩粉 2 小匙
薑黃粉 1 小匙
孜然 1 小匙
白胡椒粉 1 小匙
黑胡椒粉 1 小匙
鹽 1 小匙
糖 2 小匙
橄欖油 1 大匙

作法：

1. 將馬鈴薯洗淨去皮，蒸熟壓成泥，趁熱加入中筋麵粉、佐料及油調均勻。

2. 以手將調味好馬鈴薯泥揉成一個個約手掌¼大的圓球，滾上麵包粉靜置 5 分鐘。

3. 將馬鈴薯球油炸，或噴上橄欖油入氣炸鍋以170℃ 氣炸 8 分鐘，再以 190℃ 氣炸 5 分鐘。

4. 擺盤綴上迷迭香及紅辣椒。

絲扣

此絲瓜煎餅,刮皮手法極為重要,且蔬果可吃的外皮最富營養,請保留愈多綠色愈好。

食材:

絲瓜 1 條
綠櫛瓜 ½ 條
黃櫛瓜 ½ 條
莫扎瑞拉起司 2 大匙
麵粉 3 大匙
玉米粉 1 大匙
地瓜粉 2 大匙
食用花 3 朵(不同顏色)

佐料:

鹽 1 小匙
白胡椒粉 1 小匙
黑胡椒粉 1 小匙
橄欖油 2 小匙

作法:

1. 將絲瓜(取圓胖者,如蘋果絲瓜極優,澎湖絲瓜不適用此菜),以刀刮去外皮粗硬者(非用刀削或刨),露出鮮綠色帶直紋部分。

2. 將絲瓜切半去除中間瓤的部分(別丟掉可煮湯),只留外皮。將外皮切成粗條狀(約 0.5 公分)。

3. 混合所有佐料、麵粉、玉米粉,加 1 大匙水調勻,加入絲瓜條拌勻;綠、黃櫛瓜切成每片約 0.5 公分圓片,沾地瓜粉靜置幾分鐘。

4. 鍋中加入 2 大匙油燒熱,將絲瓜麵糊以大湯匙舀入 1 匙,大約手掌心大,兩面煎至焦黃起鍋。

5. 櫛瓜亦同上法煎成焦黃微脆,最佳。

6. 分別擺盤,上加 3 朵大小不同顏色各異的食用花。

柔潤情

半熟蔬菜及清新豆苗，融合成很棒的口感，加上花生粉的香及花生粒的脆感，令人非常滿足。

食材:

小潤餅皮 4 片
小豆苗 4 大匙
豆皮 2 片
豆乾 3 片
紅蘿蔔 ½ 條
高麗葉 4 葉
花生粉 2 大匙
花生粒 2 大匙

佐料:

素美乃滋 2 大匙

自製潤餅皮材料:

高筋麵粉 300g
水 450g
鹽 ½ 小匙

自製潤餅皮作法:

1. 將麵粉過篩後，加入水、鹽調勻，靜置於室溫鬆弛 30 分鐘。

2. 取平底不沾鍋，熱鍋後以刷子沾麵糊薄薄刷上一層約 20 公分直徑之圓形，當邊緣微微翹起，稍以鏟子翻一下，翻面 5 秒即可起鍋。一片片做。或者可以市售之電器手持薄餅機製作，不必翻面，直接刮一下就一片好了，我這次以薄餅機製作。多做一些可以一片片分隔置入冰箱冷凍層。

作法:

1. 將豆皮、豆乾、紅蘿蔔、高麗菜等切細絲，不必加油，入平底鍋翻炒約 3 分鐘即可。

2. 將一片潤餅皮攤開，取約 2 ~ 3 大匙上面炒好的餡料，及 1 大匙小豆苗，置於潤餅皮 ⅓ ~ ½ 處，灑上花生粉及花生粒各 ½ 大匙，加上美乃滋。向前捲起，左右端向內包起，邊緣手沾一點水在尖端，再捲好黏合。

3. 擺盤，將一卷潤餅斜切直立，露出美麗內餡，其餘平放，裝飾花生粒及食用花。

乃至無老死

Also no senility or death;

咖哩耶

加「黑巧克力」的咖哩菜肴，特別濃郁，有難以言喻的好風味。一般咖咖菜肴很多人說隔夜更好吃，是因為咖哩熟成之故，但加入黑巧克力「馬上熟成」，立即享用也是絕佳好味。

食材:

素雞塊 10 塊
中型馬鈴薯 1 個
紅蘿蔔 1 條
80% 以上黑巧克力 20g
甜羅勒 少許

佐料:

咖哩粉 1 大匙
薑黃粉 1 大匙
蔬菜素高湯粉 2 小匙
鹽 1 小匙
糖 2 小匙

作法:

1. 將素雞塊入熱平底鍋，兩面煎成金黃色，取出備用。

2. 將馬鈴薯、紅蘿蔔洗淨去皮，切滾刀塊。

3. 將平底鍋加入 1 大匙油，將咖哩、薑黃粉置入炒香。

4. 續加入所有蔬菜塊混合，加入 ½ 杯水小火慢滾，直至蔬菜軟爛。

5. 再加入巧克力、鹽、糖、蔬菜粉調味溶入，續加入一半素雞塊煮滾，熄火。

6. 起鍋裝盤，其餘素雞塊圍邊（可沾汁食用），裝飾甜羅勒。

亦無老死盡

no cessation of senility or of death.

松壽綿長

松茸菇是高級食材，味清甜微脆，口感極佳，黃金蟲草的清香，相得益彰，這款松壽之佳品，千萬要以最純粹自然簡單型式出現，才不會辜負原材之美。

食材:

松茸菇 9 朵
白色鴻禧菇 1 大朵
咖啡色鴻禧菇 1 大朵
黃金蟲草 9 克
核桃 9 粒
枸杞 2 大匙

佐料:

鹽 1 小匙
香菇素蠔油 1 大匙
素高湯粉 2 小匙

作法:

1. 取一大盤（中間有點深度較佳），將鴻禧菇去蒂站立中央，松茸菇分別排列四周，枸杞置菇頂上。佐料混合淋上。

2. 蒸籠水煮滾，將上面材料放上，蓋鍋蓋以中小火蒸 10 分鐘（或以電鍋蒸）。將黃金蟲草置頂上，核桃排列盤圍邊。

樂極

蘿蔔乾、乾香菇與微甜的葡萄乾，三「乾」絕配，鹹甜加上外皮南瓜之Q勁，非愛不可。

食材:

蒸熟南瓜 300g
（去皮籽，水分盡量要瀝乾）
糯米粉 300g
糖 50g
抹茶粉 3g
小食用花 3 ~ 5 朵

餡料食材:

素絞肉 100g
乾香菇 5 朵
蘑菇 5 粒
豆乾 2 片
蘿蔔乾 30g
熟筍粒 30g
葡萄乾 50g

佐料:

醬油 2 大匙
鹽 2 小匙
白胡椒粉 2 小匙
糖 1 小匙
香油 1 小匙

作法:

1. 將熟南瓜與糯米粉，1 小匙鹽、糖 50g 全部揉勻，做成麵糰，蓋上濕布靜置室溫醒 30 分鐘。

2. 乾香菇以水泡發，擠乾水分切細末。其他材料全部切成細丁，與素絞肉及佐料拌勻。

3. 熱平底鍋，取一大匙油熱油鍋，再將上面材料加入，翻炒半熟，取出待涼備用。

4. 取南瓜麵糰揉勻，搓成長條，切小塊，每小塊約 40g，壓成圓形，厚約 0.2 公分厚度。

5. 將炒好的餡料，取適量包入，以四邊向中央包成圓球狀，收口在上方中央撫平，取一小刀由中央向外圍輕畫 8 道刻紋，做出小南瓜的形狀。

6. 取 1 小塊南瓜麵糰加入抹茶粉揉勻，搓出小條蒂狀，黏在南瓜包中央做成南瓜蒂。依次做完所有南瓜包。

7. 將蒸籠水煮滾後，下墊蒸籠紙或烘焙紙依序放入南瓜包，蓋鍋大火蒸 15 分鐘即成（或以電鍋蒸）。

8. 可愛美麗的南瓜包需要美花陪襯，綴上幾朵三色堇等的小朵的食用花，變得格外賞心悅目，胃口大開！

南瓜怎麼蒸熟？
將一個中型南瓜去皮籽，切成大塊，置入電鍋，外鍋加入一米杯水，蒸十分鐘即成。

放下

這道美食著重香草香料，如果新鮮與乾燥參半也很厲害，與藜麥的清新構築成不可言喻的交響曲，起司要足，賣相及口感都好。

食材:

大紅番茄 6 個
太白粉 2 小匙
煮熟紅、白藜麥 3 大匙
素莫札瑞拉起司 100g
大葡萄乾 6 粒
橄欖油 少許

佐料:

鹽 2 小匙
白胡椒粉 2 小匙
黑胡椒粉 2 小匙
糖 2 小匙

內餡食材:

蘑菇 6 個
杏仁 2 大匙
大葡萄乾 2 大匙
百里香、甜羅勒、迷迭香、鼠尾草等等各種新鮮或乾燥之香料 共 2 大匙
素起司粉 30g
鹽 1 小匙
橄欖油 1 大匙
新鮮薄荷葉 適量
新鮮迷迭香 適量

作法:

1. 將番茄由蒂頭以下橫切去約 1/4，保留下半身，挖去內部籽及汁液，灑入一些太白粉抹勻內部。

2. 將蘑菇、杏仁、大葡萄乾全部切成約 0.2 公分的細末，加入 1 小匙起司粉拌勻，再加入香料及鹽和橄欖油拌勻，加幾片新鮮薄荷葉（切碎）、起司粉，做好內餡後，再一一填入番茄盅。

3. 將紅白藜麥平鋪在填滿內餡的番茄盅上，每盅最上面放上莫札瑞拉起司及一粒大葡萄乾，再淋上幾滴橄欖油。

4. 將所有番茄盅入烤箱中以 180℃ 烤 15 分鐘。

5. 擺盤裝飾薄荷葉及迷迭香。

滅
no cessation of suffering,

放鬆

這是完整吃到全食物營養（連皮）的好點子，簡單、放鬆，卻極為好味，蔬菜原始的甜美，令人口齒留香，起司粉與莫札瑞拉起司一起合作風味更為奢華。

食材：

黃櫛瓜 1 條
綠櫛瓜 1 條
紅蘿蔔（連皮）1 條
栗子南瓜（連皮）½ 個
紅皮小馬鈴薯（連皮）4 個
莫札瑞拉起司 100g
起司粉 30g
新鮮迷迭香 1 枝

佐料：

鹽 1 小匙
黑胡椒粉 1 小匙
白胡椒粉 1 小匙
糖 2 小匙
橄欖油 1 大匙

作法：

1. 將所有蔬菜食材都切成滾刀塊。

2. 灑上所有食材和鹽、黑胡椒粉、白胡椒粉、糖拌勻，放入烤盤，上面再淋上橄欖油、起司粉，鋪上莫札瑞拉起司，置入烤箱以 170℃ 烤 10 分鐘，再以 180℃ 烤 5 分鐘。

3. 取出綴上新鮮迷迭香，蔬菜原始的甜美，配上起司粉與莫札瑞拉起司，滋味更奢華迷人。

放空

千張是非常低熱量的食材，以素卷加入五香粉，香氣十足，臺式好風味。

食材:

素雞絞肉　150g
大張千張（19cmx21cm）3 張
紅蘿蔔　⅓ 條
杏鮑菇　½ 條
豆乾 2 片
筍 ⅓ 條
乾香菇 3 朵
玉米粉 2 大匙
橄欖油 3 大匙
小番茄 1 顆

生菜 2 葉
甜椒 1 小片
橄欖油 3 大匙

佐料:

鹽 2 小匙
白胡椒粉 2 小匙
五香粉 2 小匙
糖 2 小匙
醬油 1 大匙
素蠔油 2 大匙

作法:

1. 將紅蘿蔔、杏鮑菇、豆乾、筍和泡好的香菇，切成小丁。

2. 將素雞肉與所有食材混合，加入佐料及玉米粉，調成餡料。

3. 將千張橫平放，置入適當餡料於中線下方，捲起，然後左右摺入，續捲至尾端，以玉米粉水黏合封口。

4. 熱平底鍋放入 3 大匙橄欖油，將千張素雞捲煎至兩面金黃酥脆，起鍋放涼，每卷切成 3 ~ 4 段。如果不油煎可噴一點油，以 175℃ 氣炸 10 分鐘即成。

5. 排列擺盤，露出內餡，裝飾不同色彩生菜、小番茄、甜椒。

無智亦無得

There is no wisdom and no achievement.

珍珠圓

自然色系做出晶瑩剔透的珍珠彩球，若喜歡綠色可用抹茶粉，黃色可用薑黃粉，大紅色也可用番茄汁，趣味十足。米需要用長糯米，才會透亮好吃，若不著色，單以長糯米做此珍珠球，再加上裝飾也很吸睛。

食材:

長糯米 1 米杯（分成 4 份，各 ¼ 杯）

紫米 ¼ 米杯

染色天然食材:

乾燥蝶豆花 10 朵

甜菜根粉 1 包（約 5g）

餡料食材:

素絞肉 100g

鮮香菇 4 朵

中型杏鮑菇 2 根

高麗菜葉 4 葉

紅蘿蔔 ½ 條

玉米粉 3 大匙

佐料:

鹽 2 小匙

白胡椒粉 2 小匙

糖 2 小匙

素蠔油 1 大匙

白芝麻油 1 大匙

染色作法:

1. 將蝶豆花泡 3 大匙水使色素滲出，大約 1 小時，水可稍微微波 1 分鐘加速。

2. 甜菜根粉加入 3 大匙水調勻，做成紅色。

3. 將蝶豆花瓣取出，取 1 大匙藍色蝶豆花水與紅色甜菜汁 1 大匙混合則成為紫色。這樣就有三種藍、紅、紫三種顏色。

4. 分別將藍、紅、紫三色汁，加入各 ¼ 杯洗淨之長糯米，浸泡至少 1 小時以上，使顏色滲入米粒。

5. 紫米 ¼ 杯泡 2 大匙水備用。

餡料作法:

將所有蔬菜食材及菇類切成細丁塊，加上素絞肉，及所有佐料、玉米粉調勻。

作法:

1. 將 4 種顏色米粒取出，稍微吸乾水分，分別置放小盤中。

2. 將做好的餡料捏成一個個約 ¼ 巴掌大的圓球，再滾上不同彩色的米粒，一顆滾一顏色。

3. 將蒸鍋水煮滾，放上鋪了蒸籠紙或烘焙紙的蒸盤，仔細置入珍珠彩球，蓋鍋大火蒸 15 分鐘即成（或以電鍋蒸熟）。

以無所得故

Because there is no achievement.

究竟

此餅外皮酥脆極為重要，一定要高溫才下去煎，且好油耐高溫者是首選。餡料中荸薺具口感，帶著茴香頭或芹菜的清香，與杏鮑菇結合非常適口。

食材：

潤餅皮 6 片（可做 3 個）
（自製作法請參考 p163〈柔潤情〉）
素蝦 150g
鮮香菇 5 朵
中型杏鮑菇 2 條
蘑菇 5 朵
荸薺 6 個
茴香頭（或西洋芹菜）¼ 個
紅蘿蔔 ½ 條
素絞肉 100g
葡萄籽油 3 大匙

佐料：

鹽 2 小匙
糖 2 小匙
白胡椒粉 2 小匙
黑胡椒粉 2 小匙
醬油 1 大匙
素蠔油 1 大匙
白芝麻油 2 小匙
玉米粉 3 大匙

作法：

1. 將素蝦切成 1 公分小段，其他食材菇類等切成細丁。

2. 將素絞肉，加上所有佐料拌勻，加入素蝦塊。

3. 取一片潤餅皮平鋪，在中間加入適量餡料，成圓形，餡料距離圓周約 1 公分左右。周邊抹上玉米粉水。

4. 取另一片覆蓋至餡料上，周圍黏合壓緊。

5. 熱平底鍋加入 3 大匙葡萄籽油，燒至溫度約 180 度左右才下素蝦餅，中火煎至酥脆，翻面續煎至金黃。

6. 起鍋切片，裝飾食用花（可略）。

智鏡

豆腐加入黑松露醬及祕方福菜，簡直天作之合，味蕾純正者享受之美妙，無以言狀。

食材:

縐葉甘藍（或高麗菜）6 葉

板豆腐 1 塊 500g

（一定要用板豆腐不要用嫩豆腐）

福菜（或高麗菜乾）1 大匙

荸薺 6 個（或茴香頭 ¼ 個）

枸杞 1 大匙

紅甜椒 ½ 個

核桃 8 粒

太白粉 1 大匙

佐料:

淺色醬油 2 小匙

白胡椒粉 2 小匙

黑松露醬 1 大匙

作法:

1. 將縐葉甘藍菜洗淨，放入滾水汆燙約 15 秒軟化，撈出泡冰水，取出瀝乾水分。

2. 板豆腐壓重物 1 小時，去除水分。

TIPS：一定要用板豆腐，並將水分壓除，否則水分太多無法做出這道料理。

3. 福菜泡水 15 分鐘（如果是天然日曬，務必多清洗數次，直到洗淨無砂），取出擠去水分切碎，荸薺切細丁。

4. 將福菜末、荸薺丁與壓碎之板豆腐，及所有佐料拌勻。

5. 去除縐葉甘藍硬梗將葉子平鋪砧板上，取約 2 大匙豆腐泥餡料在中間，向前，左右包起，封口壓在下面，上置枸杞。

6. 將所有松露豆腐卷平鋪蒸盤上，水燒滾後放上，大火蒸 15 分鐘。

7. 取出所有豆腐卷，放置盤中。

8. 將蒸出之湯汁倒入鍋中燒開，放入切小塊的紅甜椒及核桃，倒入太白粉水（太白粉：水＝ 1：3）勾芡，然後取出淋在豆腐卷盤中，可與松露豆腐卷一起享用。

花開富貴

普洱茶膏採數百年菁華，在湯中形成清冽之味，看似樸實無華，簡約的花開富貴，無須調味，即為珍品。

食材:

黑美人菇 1 包
白美人菇 1 包
珊瑚菇 1 包
鴻禧菇 1 包
小杏鮑菇 1 包
黃金蟲草 1 棵
心茶堂茶膏 1 粒
蔬菜素高湯 4 杯

佐料:

鹽 2 小匙

素高湯食材:

西洋芹 10 枝
紅蘿蔔 1 條
高麗菜 ½ 個
白蘿蔔 1 條

素高湯作法:

1. 將西芹、紅蘿蔔、高麗菜、白蘿蔔等，切成大塊。

2. 將食材放進湯鍋，加入 2000cc 的水，煮開，再以小火煮 30 分鐘。

3. 濾掉所有蔬菜放涼，即為蔬菜高湯。（有吃洋蔥者可加入 1 個連皮白洋蔥一起煮）。高湯可分裝放置冷凍，隨喜隨用。

作法:

1. 取一中型淺鍋，將五種菇（食材可選你喜好的 5 種菇）排成圓形，中央加入一株黃金蟲草。

2. 注入 4 杯高湯煮滾，再溶入心茶堂普洱茶膏，加入鹽調味，即為最清冽菇湯極品。

清純

此簡單菜式，因辣泡菜本身有鹹味，故少鹽灑上，但白胡椒粉與泡菜融合加上豆腐乳不同口味增添獨特風味，如鳳梨、芋頭豆腐乳都能加分，酥脆外皮，讓人愛不釋口。

食材:

原味豆皮 3 張
微辣泡菜 6 大匙
杜蘭小麥粉 或地瓜粉
3 大匙
橄欖油 2 大匙

佐料:

鹽 2 小匙
白胡椒粉 6 小匙
白芝麻油 3 小匙
豆腐乳 3 大匙

作法:

1. 豆皮橫向全展開，吸乾水分，撒上鹽、白胡椒粉及白芝麻油，塗抹均勻在向上之面，再塗上豆腐乳。

2. 在豆皮中段平鋪上泡菜，豆皮兩端內摺成一正方片。

3. 四面均勻裹上小麥粉或地瓜粉，靜置使其反潮。

4. 熱平底鍋，注入 2 大匙油，將豆皮捲兩面煎至酥黃，或噴上一些油，入氣炸鍋以 175°C 炸 10 分鐘，再以 180°C 炸 3 分鐘，即成。

去蕪

素大蝦為蒟蒻製品，好處是炸完外酥內嫩，不會變老，素起司口味較淡，可多加一些風味更足，也可沾胡椒鹽，以清淡為主。

食材:

素大蝦 10 尾
素起司粉 2 大匙
麵包粉 4 大匙
嫩蘿蔓葉 5 葉
玄米油 150ml

佐料:

中筋麵粉 2/3 杯
起司粉 1 大匙
橄欖油 2 小匙
水 3 大匙

作法:

1. 將素大蝦沖一下水，稍擦乾水分。

2. 麵糊調均勻，加入橄欖油，將大蝦沾麵糊，外面再沾滿麵包粉。

3. 鍋中加入 150ml 的玄米油，油熱升至 180°C 左右，置入素蝦炸至微焦，撈起放上吸油紙。

4. 蘿蔓葉置盤底，上加素炸蝦灑上起司粉，即成。

無有恐怖
is liberated from existence and fear;

釋 懷

千張海苔，豆皮交錯融合，與餡料之五香形成強烈之個性，加上沾醬之推撥，令人難以忘懷。

食材:

大張千張 2 張（19cmx21cm）
豆皮 1 張
海苔 2 張
青蘋果 ¼ 顆
紅蘋果 ¼ 顆

內餡食材:

金針花（或乾金針花）10 朵
素絞肉 150g
鮮香菇 6 朵
鴻禧菇 ½ 包
紅蘿蔔 ¼ 根
茴香頭 ¼ 個（或芹菜 6 根）

佐料:

醬油 2 小匙
素蠔油 2 小匙
白胡椒粉 2 小匙
五香粉 2 小匙
白芝麻油 2 小匙
鹽 1 小匙
糖 1 小匙
太白粉 1 大匙

沾醬食材:

番茄糊 2 大匙
蘋果醋 2 小匙
糖 3 小匙
檸檬汁 2 小匙
鹽 少許

作法:

1. 將千張橫平放，上加一片海苔，再加一片橫切一半之展開豆皮。灑上一點鹽及少許白太粉。

2. 將所有材料切成小丁塊（乾金針花泡水再切），加入所有佐料拌勻，做成餡料。

3. 將內餡料適當加到 1 上面，往前兩端捲起成圓長條，尾端以太白粉水黏合。

4. 將千張腐皮放入氣炸鍋以 175℃ 氣炸 10 分鐘，再以 185℃ 氣炸 3 分鐘，或以烤箱 175℃ 烤 8 分鐘，再以 185℃ 烤 3 分鐘。

5. 做沾醬：將番茄糊、蘋果醋調勻，入鍋燒滾，加入糖、鹽，立即熄火，淋上檸檬汁。

6. 將每條千張腐皮卷切成 4 段，裝盤，旁飾紅蘋果丁及青蘋果片，加上小杯沾醬。

明淨

這水果味十足的袋餅，鳳梨豆腐乳絕對是一大功臣，將味覺提高到絕佳層次。

食材:

早餐餅皮 2 張
紅蘋果 ½ 顆
鳳梨 1/6 個
大型杏鮑菇 1 條
紅甜椒 1 個
黃甜椒 1 個
甜菜根醃片 5 片

地瓜 ½ 個
薄荷葉 3 葉
橄欖油 2 ~ 3 大匙

佐料:

鹽 2 小匙
黑胡椒粉 2 小匙
鳳梨豆腐乳 2 大匙

作法:

1. 紅、黃甜椒去籽，切 0.3 公分寬之長條。

2. 紅蘋果去籽切 0.3 公分片置入鹽冰水中靜置，鳳梨切 0.3 公分薄片。

3. 杏鮑菇切 0.5 公分厚片，一面切菱格紋。

4. 地瓜切 0.2 公分薄片，入平底鍋以 2 茶匙油，兩面煎黃。取出放冷。

5. 將餅皮切半，做成開大口三角形口袋，以水黏合一邊，底部尖處稍摺一下，不要有空隙。

6. 往袋口放入蘋果、鳳梨片、杏鮑菇、地瓜及紅、黃甜椒條，加入 ½ 匙豆腐乳，灑上一點鹽、黑胡椒粉。將所有袋餅做好，放上不沾烤盤，噴一點橄欖油。

7. 氣炸鍋 175°C 氣炸 8 分鐘，再以 190°C 氣炸 4 分鐘，亦可以平底鍋加 2 大匙油兩面煎黃。

8. 旁飾醃漬甜菜根及紅、黃甜椒、薄荷葉。

恍然

這有點酸甜的料理，綜合素雞塊栗子的鬆軟及小黃瓜之清脆，本已完美，然加入豆瓣醬卻讓全體味道以鹹味調和酸甜，極品之味也。

食材:
素雞肉塊 6 塊
栗子 15 粒
牛番茄 1 顆
小黃瓜 1.5 條

佐料:
番茄糊 4 大匙
糖 2 大匙
檸檬汁 2 大匙
烏醋 1 大匙
鹽 2 小匙
太白粉 1 大匙
水 3 大匙
豆瓣醬 2 小匙

作法:

1. 將栗子泡水約 30 分鐘，取出入電鍋蒸熟。

2. 將素雞塊以 1 大匙油兩面煎黃，取出備用。

3. 牛番茄切小丁，小黃瓜切滾刀塊。

4. 鍋中入一大匙油，將牛番茄置入翻炒，加入番茄糊、½ 杯水，續入素雞塊、栗子燒滾，加入豆瓣醬、糖、烏醋、檸檬汁及小黃瓜，最後入太白粉水（太白粉：水 =1：3）勾薄芡即成。

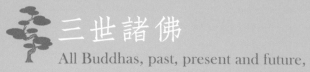

三世諸佛

All Buddhas, past, present and future,

光明

在料理盤上作畫並不容易，有人說這是鳳凰，有人說是孔雀，最重要的是腳、翅膀都有動感，頭部嘴巴部分一粒原色米粒，頭戴花冠，盤中自有黃金屋，藝術入餐，喜極！

食材:

金針菇 2 包
紫色及原色之長糯米飯 2 大匙
小朵食用花 1 朵
地瓜粉 3 大匙
巧克力醬 1 大匙
葵花油 150ml

麵糊食材:

中筋麵粉粉 4 大匙
蔬菜高湯 2 小匙
油 1 小匙
水 2 大匙
橄欖油 2 小匙

作法:

1. 將金針菇去頭蒂，撥開，平展每片約 4 個手指頭面積。

2. 將麵糊之材料混合均勻，加入油。將地瓜粉置一淺盤。

3. 將金針菇片沾麵糊後即沾地瓜粉，放置一旁。

4. 起一油鍋，入 150ml 之葵花油加熱至約 170℃，置入一片片金針菇片，炸好瀝油，放置吸油紙上。

5. 在白色盤上以巧克力醬，畫上孔雀的頭、身及腳，放上紫色糯米（泡蝶豆花水及原色之長糯米飯，作法參見 p161），堆成立體身，翅膀部分以一片片炸菇分別堆疊三層，孔雀頭上加上食用花即成。

超越

素蝦鬆單吃已經十分美味，但加上各種風味融合的美妙佐料，如同圓舞曲在口中迴旋，豆腐乳與豆瓣醬是靈魂。

食材:

蘿蔓 10 葉

豆乾 4 片

熟筍 ½ 條

紅蘿蔔 ½ 條

板豆腐 ½ 塊

鮮香菇 5 朵

素蝦 100g

馬鈴薯脆片 10 片

佐料:

鹽 2 小匙

糖 2 小匙

素蔬菜粉 2 小匙

醬油 1 大匙

素蠔油 1 大匙

白胡椒粉 2 小匙

豆瓣醬 1 小匙

豆腐乳 1 小匙

作法:

1. 豆乾、熟筍、紅蘿蔔、香菇切小丁。素蝦切 0.5 公分小丁。板豆腐壓重物去水分，攪成泥。

2. 熱平底鍋加入 2 大匙油，先入香菇、筍、豆乾炒香，續入豆腐泥、素蝦仁，炒至乾，加入所有佐料炒勻。

3. 蘿蔓洗淨吸去水分，每葉片置入餡料，再灑上馬鈴薯細脆片，裝飾紅番茄片即成。

得阿耨多羅三藐三菩提
completely and perfectly enlightened.

悟開

綜合蔬菜原味的羅宋湯，清甜入心，營養破表，黑胡椒、白胡椒粒及月桂葉是提味最大功臣。

食材：

西洋芹 4 枝
牛番茄 1 顆
蘑菇 6 朵
中型南瓜 ¼ 個
中型馬鈴薯 2 個
高麗菜 6 葉
紅蘿蔔 ½ 個
綠櫛瓜 1 條
月桂葉 3 片
油 1 大匙
橄欖油 2 小匙

佐料：

番茄糊 4 大匙
黑胡椒粒 2 小匙
白胡椒粒 2 小匙
鹽 3 小匙
水 4 杯

作法：

1. 將南瓜、紅蘿蔔、馬鈴薯、綠櫛瓜、牛番茄切滾刀塊。西洋芹切小段，蘑菇切半，高麗菜折小片葉。

2. 取一深鍋，注入 1 大匙油，將較需久煮的番茄及根莖蔬菜放入翻炒，續加入西洋芹、高麗菜、黑胡椒、白胡椒粒、番茄糊、月桂葉，注入清水，以中小火煮至馬鈴薯軟爛（但不要太爛，以筷子可以輕鬆插入為準）。綠櫛瓜加入煮滾，即可熄火。

3. 去除月桂葉、胡椒粒裝入大湯碗中，淋上 2 小匙橄欖油。

《合》洪啟嵩老師畫作

故知般若波羅蜜多
So Prajnaparamita,

五行十方

豆類泡水放置冰箱後，取出非常容易煮熟爛，此五行十方粥營養豐富，十分可口，湯汁加入一點鹽平衡甜味。若不加糖，當成粥配菜也很棒。

食材：

紅豆、綠豆、紅薏仁、白薏仁、黑豆、黃豆、鷹嘴豆、小米、黑纖米、黑芝麻、生花生，各 1 大匙
心茶堂茶膏 1 顆
水　約 1000cc

佐料：

黑糖　5 大匙
鹽　1 小匙

作法：

1. 將所有食材洗淨泡清水，至少 2 小時，泡隔夜應置入冰箱冷藏。

2. 取 4 杯（約 1000cc）水將所有食材置入，水滾後加入黑芝麻，續小火慢煮約 40 ～ 50 分鐘，注意水量（若置電鍋中，以外鍋 2 米杯水煮熟）。

3. 煮好後加入鹽及黑糖調味拌勻，最後加入一顆茶膏，拌勻。

五色冰心

這如同冰淇淋的甜品,冰過更好吃,除了本身因食料產出視覺及口味的美感之外,玫瑰花及桂花釀足以讓人大為驚豔,而此道料理又是絕佳健康防疫良品。

食材:

深紫色地瓜 1 個
中型馬鈴薯 3 個

佐料:

糖 3 小匙
鹽 1 小匙
桂花釀 2 小匙
玫瑰花釀 2 小匙
乾燥桂花 1 小匙
薑黃粉 1 小匙
甜菜根粉 1 小匙
抹茶粉 1 小匙
可可粉 2 小匙

作法:

1. 將地瓜、馬鈴薯以牙籤插幾個洞,去皮,入電鍋蒸熟軟。

2. 取出趁熱將紫地瓜及馬鈴薯加入糖及 1 點鹽,分別壓成泥。馬鈴薯泥分成 4 份。

3. 將 4 份馬鈴薯泥分別加入不同顏色之食材(薑黃粉、甜菜根粉、抹茶粉、可可粉)拌勻,做成四種顏色的馬鈴薯泥。

4. 以冰淇淋勺子挖取各做好之食材,做成呈冰淇淋狀。

5. 擺盤(最好是透明水晶或玻璃),上加玫瑰花釀(紅色球)、桂花釀(黃色及咖啡色球),再灑上桂花,即是美味的甜點。

靜、智

綿綿信箋創意來自思念，靜心之情，蔓越莓乾與稍微甜的兩色地瓜，無論色、味都相互呼應。

食材:

水餃皮 10 片
中型黃金地瓜 1 個
中型紫地瓜 1 個
蔓越莓乾 2 大匙
油 2 大匙

佐料:

鹽 2 小匙
糖 2 大匙

作法:

1. 將 2 片水餃皮重疊，擀成一大薄片（圓形）。

2. 將地瓜去皮入電鍋蒸至熟軟，取出趁熱加上鹽、糖混合，蔓越莓乾切碎。

3. 將擀好之水餃皮平放，中間置入地瓜泥，蔓越莓乾，由下往上一摺，左右兩邊向中央摺入，上方摺成三角再蓋上來，像信封一樣。

4. 平底鍋置入 2 大匙油燒熱，將「綿綿信箋」兩面煎成酥黃即成。

黑 。 白

純天然的黑纖米餅香脆不已,加上葡萄乾,微甜的口味,非常適合不喜甜食者,若用甜菊糖代替砂糖,糖尿病患者亦可享用。

食材:

免洗黑纖米 1 杯

中筋麵粉 ½ 杯（60g）

水 ¼ 杯（30g）

腰果 20 粒

葡萄乾 2 大匙

佐料:

鹽 1 小匙

砂糖 1 大匙

糖粉 2 大匙

橄欖油 1 大匙

作法:

1. 將黑纖米以米：水＝1：1.1 的比例,放入電鍋煮熟。

2. 將熟米、麵粉、切碎葡萄乾及鹽、糖加入水充分拌勻。

3. 取氣炸鍋烤盤將黑纖米做成一個個小圓餅,每個上面插上 1 粒腰果,噴上一點橄欖油。

4. 入氣炸鍋以 180℃ 氣炸 8 分鐘。

5. 取出均勻灑上糖粉。

平 等 無 執

米鬆餅之原材料為白米，不同口感，煎時千萬別一下子下太多油，首先一大匙，後面第二、三……片再滴幾滴即可，也可做鹹鬆餅。

食材:

米鬆餅粉　200g
無糖豆漿　80g
橄欖油　1 大匙（20g）
蔓越莓乾　1 大匙
香吉士　½ 個

佐料:

蜂蜜 2 大匙

作法:

1. 將米鬆餅粉加入豆漿及橄欖油調勻。

2. 熱平底鍋入 1 大匙油刷勻熱鍋，加入 1 湯杓麵糊散成圓形，表面開始冒很多小泡泡即可翻面，再煎 20 秒取出，每片煎時再加一點點油。

3. 一片一片煎好後在盤上堆疊，上飾蔓越莓乾，旁邊加上香吉士片，淋上蜂蜜。

能除一切苦
It eliminates suffering.

196

喜悅

巧克力是喜悅之源，80% 以上的純黑巧克力對心臟有益，與起司結合，在脆皮之中，更顯獨特風味。

食材:

潤餅皮 10 片
中型馬鈴薯 2 個
黑巧克力片 10 片
（每片 10g）
莫扎瑞拉起司 100g
巧克力醬 少許
小食用花 10 ～ 12 朵

佐料:

鹽 1 小匙
糖 2 大匙
橄欖油 1 大匙

作法:

1. 馬鈴薯去皮蒸熟取出，加入鹽、糖和橄欖油壓成泥。

2. 將潤餅皮平放，先放上一片巧克力及莫扎瑞拉起司絲。取適當馬鈴薯泥放中間。

3. 將潤餅皮和食材捲包成小長條狀。上噴一些橄欖油。

4. 入氣炸鍋以 175°C 氣炸 7 分鐘，再以 190°C 氣炸 3 分鐘。

5. 取出擺盤，點上巧克力醬及食用花。

真實不虛
This is true and not false.

蓮品

經過冷藏的白木耳及蓮子較易軟爛煮出膠質。這款甜品極適合加入蜂蜜，若能加入一顆「茶膏」即成極品。

食材:

白木耳 50g
乾蓮子 20 粒
紅棗 10 粒
枸杞 1 大匙（10g）
乾黃金蟲草 10g
水 1000cc

佐料:

蜂蜜（或砂糖）2 大匙

作法:

1. 將白木耳洗淨泡水，除水共 3 次，然後泡入開水中，置冰箱冷藏 1 夜。

2. 蓮子浸泡，入冰箱冷藏。

3. 煮前浸泡 5 分鐘，紅棗、枸杞、乾黃金蟲草。

4. 取一鍋水 1000cc，將白木耳、蓮子燉煮約 40 分鐘，再加入紅棗、枸杞、乾黃金蟲草，小火續燉 30 分鐘。

5. 加入蜂蜜或砂糖。

故說般若波羅蜜多咒， So, we speak aloud,

智慧慈悲心自然湧現，隨時創造自己的歡喜。

即說咒曰： and recite the Prajnaparamita;

彷彿不斷湧現時刻鼓舞之聲音。

揭諦揭諦 Gate gate, gone, gone, gone beyond.

來吧！來吧！大家一起來吧！

波羅揭諦 Pāra-gate, All things to the other shore.

心手相連，跨越痛苦、煩惱與幻影的此岸，讓生命抵達圓滿、自在的彼岸，
覺悟之成就真實不虛。

波羅僧揭諦 Pāra-samgate, Gone completely beyond all, to the other shore.

出發了！放下執著，不被生命的慣性制約，那麼此岸即彼岸。彼岸即自由，
睜開雙眼，猶如夢中初醒，我們看見自己，就在彼岸。

菩提薩婆訶 Bodhi-Svāhā。 Enlightening wisdom. All perfect.

彼岸在今生，即為起點。智慧之光、慈悲之水，遍此光明，皆見觀自在，
自由觀自在。

感 謝

感謝贊助商

食材贊助商

· Olitalia 奧利塔

初榨橄欖油、玄米油、葡萄籽油、黑松露醬、黑松露油、黑松露片、
巴薩米可陳醋、番茄糊、義大利直麵、筆管麵、貝殼麵、杜蘭小麥粉

· 心茶堂

老普洱茶膏

· 屏東農產

米鬆餅粉

· 源天然

免洗黑纖米

· 中華大學

黃金蟲草

廚房用品器具贊助商

· 鍋寶

氣炸鍋、煎炒鍋、湯鍋

· 灣盛貿易股份有限公司

富士琺瑯真空琺瑯保鮮盒、琺瑯鍋、微笑出氣鍋、
PENSOFAL 白鑽石系列鍋

淨蔬禪食：心經食譜

作　　者／洪啟嵩、洪繡巒
攝　　影／劉光智
企畫選書人／賈俊國

總　編　輯／賈俊國
副 總 編 輯／蘇士尹
編　　輯／黃　欣
美 術 編 輯／賴　賴
行 銷 企 畫／張莉滎‧蕭羽猜

發　行　人／何飛鵬
法 律 顧 問／元禾法律事務所王子文律師
出　　版／布克文化出版事業部
　　　　　　臺北市中山區民生東路二段 141 號 8 樓
　　　　　　電話：（02）2500-7008　傳眞：（02）2502-7676
　　　　　　Email：sbooker.service@cite.com.tw
發　　行／英屬蓋曼群島商家庭傳媒股份有限公司城邦分公司
　　　　　　臺北市中山區民生東路二段 141 號 2 樓
　　　　　　書虫客服服務專線：（02）2500-7718；2500-7719
　　　　　　24 小時傳眞專線：（02）2500-1990；2500-1991
　　　　　　劃撥帳號：19863813；戶名：書虫股份有限公司
　　　　　　讀者服務信箱：service@readingclub.com.tw
香港發行所／城邦（香港）出版集團有限公司
　　　　　　香港灣仔駱克道 193 號東超商業中心 1 樓
　　　　　　電話：+852-2508-6231　　傳眞：+852-2578-9337
　　　　　　Email：hkcite@biznetvigator.com
馬新發行所／城邦（馬新）出版集團 Cité（M）Sdn. Bhd.
　　　　　　41, Jalan Radin Anum, Bandar Baru Sri Petaling,
　　　　　　57000 Kuala Lumpur, Malaysia
　　　　　　電話：+603- 9057-8822　　傳眞：+603-9057-6622
　　　　　　Email：cite@cite.com.my
印　　刷／卡樂彩色製版印刷有限公司
初　　版／2023 年 06 月
初 版 3 刷／2023 年 08 月
定　　價／480 元
　　ISBN ／ 978-626-7256-85-5
　　EISBN ／ 978-626-7256-84-8（EPUB）

城邦讀書花園
www.cite.com.tw　布克文化
WWW.SBOOKER.COM.TW

心茶堂普洱茶膏

◇無茶渣泡茶，以茶養生更便利！

普洱茶膏製作工藝始於唐，後來成爲大清宮廷神祕工藝，更是西藏活佛青睞飲品，失傳百年重新面世。普洱茶富含多種人體必需胺基酸，並能清毒解熱，消食理氣，養胃護肝。根據近代醫學研究，普洱茶中富含茶黃素，能抑制病毒增生。心茶堂普洱茶膏，以30斤熬製1斤的古法煉製而成。每片茶膏如指甲大小，單片密封包裝，攜帶便利。茶膏上皆印有國際禪學大師洪啓嵩禪師書寫印度古悉曇梵文種字，飲時諸佛本尊加持。

使用方法：

1熱飲：加入300～500CC的熱水，卽可享用芳香熱茶。

2冷泡茶：夏天加入礦泉水，常溫放置半小時卽可享用無茶渣冷泡茶！

3口含：捷運通勤、假日塞車、人群密集之室內，不便飲水時，可口含半片或一片（視個人口感），自然生津解渴，抑制病毒增生。

4入菜：可加入湯品，風味特殊、消食解膩。

心茶堂普洱茶膏品項

■藥師佛茶膏

茶膏上印壓藥師佛種子字

(1)藥師佛生茶膏-精選勐海布朗山古樹茶2012年生茶煉製。

(2)藥師佛熟茶膏-精選勐海布朗山古樹茶2012年熟茶煉製。

藥師佛養生茶膏禮盒

■和平地球茶膏

茶膏上印壓釋迦牟尼佛種子字暨「和平地球」

(1)和平地球生茶膏-2012年雲南西雙版納勐臘縣易武片區生茶煉製

(2)和平地球熟茶膏-2012年雲南西雙版納勐臘縣易武片區熟茶煉製

(3)和平地球陳皮荷葉茶膏-2006年雲南勐海茶區陳皮荷葉茶膏

■包裝

(1) 30片裝-6小盒裝禮盒

(2) 40片裝-精美茶罐

(3) 80片裝-經濟補充包

精緻禮盒裝、經濟補充包、客製化包裝，歡迎洽詢！

洽詢訂購

覺性會舘・心茶堂　嚴選沉香、好茶

新北市新店區民權路88之3號8樓

TEL:(02)22198189 Email: Bosa1997@gmail.com

覺性會舘.心茶堂粉絲頁

淨.蔬.禪.食

心經食譜

六覺的美食革新食譜，
讓您食淨心靜體淨60多道的純素食譜

The Heart Sutra
& Vegetable Recipes

洪啓嵩　洪繡鸞